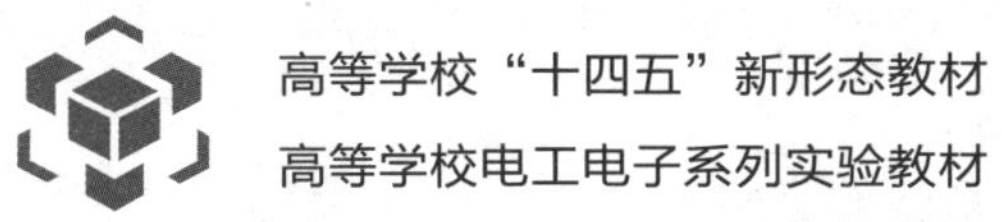

高等学校“十四五”新形态教材
高等学校电工电子系列实验教材

电子设计自动化(EDA)实验教程

主　编　张冬至
副主编　李　林　陈　璨

中国石油大学出版社
CHINA UNIVERSITY OF PETROLEUM PRESS
山东·青岛

图书在版编目(CIP)数据

电子设计自动化(EDA)实验教程 / 张冬至主编. 青岛:中国石油大学出版社,2024.9. --(电工电子系列实验教材). -- ISBN 978-7-5636-8288-1

Ⅰ. TN702.2-33

中国国家版本馆 CIP 数据核字第 202419D0X9 号

中国石油大学(华东)规划教材

书　　名: 电子设计自动化(EDA)实验教程
DIANZI SHEJI ZIDONGHUA(EDA) SHIYAN JIAOCHENG

主　　编: 张冬至

责任编辑: 高　颖(电话　0532-86983568)

责任校对: 隋　芳(电话　0532-86983568)

封面设计: 赵志勇

出 版 者: 中国石油大学出版社
(地址:山东省青岛市黄岛区长江西路 66 号　邮编:266580)

网　　址: http://cbs.upc.edu.cn

电子邮箱: shiyoujiaoyu@126.com

排 版 者: 青岛友一广告传媒有限公司

印 刷 者: 沂南县汇丰印刷有限公司

发 行 者: 中国石油大学出版社(电话　0532-86983440)

开　　本: 787 mm×1 092 mm　1/16

印　　张: 8.5

字　　数: 202 千字

版 印 次: 2024 年 9 月第 1 版　2024 年 9 月第 1 次印刷

书　　号: ISBN 978-7-5636-8288-1

定　　价: 30.00 元

前言
PREFACE

超大规模集成电路和软件技术的快速发展使数字系统集成到一片集成电路内成为可能。Xilinx 和 AMD 等公司都推出了非常好的 CPLD(complex programming logic device，复杂可编程逻辑器件)和 FPGA(field programmable gate array，现场可编程门阵列)产品，并为这些产品配备了设计和可下载软件。这些软件除支持图形方式设计数字系统外，还支持多种数字系统的设计语言，使数字系统设计起来更加容易。在小规模数字集成电路将被淘汰的今天，作为一名电子技术工程技术人员，熟练掌握 Verilog HDL 语言和 CPLD 及 FPGA 器件设计对提高工程实践能力、解决工程实际问题的能力非常重要。

编写本实验教材的目的就是帮助读者学会设计数字系统，并熟悉 Logos 系列国产 FPGA 产品和配套软件 Pango Design Suite 及其他相关软件的使用。Logos 系列可编程逻辑器件是国产的全新低功耗、低成本 FPGA 产品，采用完全自主产权的体系结构和主流的 40 nm 工艺。Logos 系列 FPGA 产品具有丰富的型号，如 PGL12G，PGL22G 和 PGL25G 等。本实验系统选用 PGL22G，其内部的 CLM(configurable logic module，可配置逻辑模块)为 17 536 个，这对学习使用以及项目开发来说已经足够。

本实验教材的实验内容既有简单的组合电路设计，也有复杂的数字系统设计，并详细地介绍了各系统的设计方法和软件的操作。通过本实验教材的学习，读者将可以设计自己的数字电路。本实验教材选编了 16 个代表性实验，并分为基础实验和综合实验两大部分。实验内容从简单到复杂，以便使用者能快速入手。本实验教材可以作为电子技术专业学生或电子技术工程师的参考用书。

本实验教材可配合中国石油大学(华东)控制科学与工程学院实验教学中心自行开发的 EDA(electronic design automation，电子设计自动化)教学实验开发平台使用，如果读者有什么修改建议，欢迎与编者联系(E-mail：upcll@163.com)。

由于时间仓促、资料缺乏，书中难免存在不妥之处，敬请读者谅解。

编　者

2024 年 3 月

目录
CONTENTS

第1章 FPGA简介

FPGA(field programmable gate array)即现场可编程门阵列,是在 PAL(programmable array logic,可编程阵列逻辑),GAL(generic array logic,通用阵列逻辑),CPLD(complex programmable logic device,复杂可编程逻辑器件)等可编程器件的基础上进一步发展的产物。它是作为 ASIC (application specific integrated circuit,专用集成电路)领域中的一种半定制电路而出现的,既解决了定制电路的不足,又克服了原有可编程器件门电路个数有限的缺点,灵活性高、开发周期短、处理性能强(并行),广泛应用于通信、图像处理、医疗等领域。

1985 年,Xilinx 创始人之一的 Ross Freeman 发明了 PLD(programmable logic device,可编程逻辑器件)。真正意义上的第一块 FPGA 芯片 XC2064 就是 Xilinx 发明的。FPGA 一经问世,发展速度之快超出大多数人的想象,这与它本身独特的优越性密不可分。一块专用的 ASIC 芯片在出厂前功能就已经固化了,可以参考厂家提供的数据手册来学习它的操作。它的功能是不可更改的,而且它的内部电路是什么样的我们也不知道,虽然它用起来简单,但是缺乏灵活性。但 FPGA 就不一样了,它在出厂的那一刻是不具备任何功能的,可以说就是一张白纸,我们可以先通过特定的编辑语言,例如 Verilog 和 VHDL 等硬件描述语言将所需逻辑功能编写好,然后下载到 FPGA 内部,它就会生成一个定制的电路,去完成特定的功能。当你不想要这个功能时,可以随时将内部程序擦除,或者用一个新的设计去覆盖原有的设计。理论上,可以用 FPGA 去生成一个任意想要的功能。正是基于这种强大的可编辑能力,FPGA 近年来越来越受到市场的认可,未来它的适用范围必将越来越广阔。

1.1 FPGA 应用领域分类

FPGA 作为数字电路的重要组成部分,因拥有高度的可编程性和灵活性,能适应各种复杂的应用场景,所以被广泛应用在各个领域,例如通信领域、数字信号处理领域、视频图像处理领域、高速接口设计领域和人工智能领域等。

1) 通信领域

FPGA 在通信领域的应用可以说是无所不能,这得益于 FPGA 内部结构的特点。另外它可以很容易地实现分布式的算法结构,这一点对于实现无线通信中的高速数字信号处理十分有利。在无线通信系统中许多功能模块通常都需要大量的滤波运算,而且这些滤波函数往往需要大量的乘和累加操作,通过 FPGA 来实现分布式的算术结构就可以有效地实现这些乘和累加操作。

2) 数字信号处理领域

在数字信号处理领域,FPGA 同样所向披靡,这主要是因为它的高速并行处理能力。FPGA 的最大优势是其并行处理机制,即利用并行架构实现数字信号处理的功能。这一并行机制使得 FPGA 特别适合于完成 FIR(finite impulse response,有限冲激响应)等数字滤波这样重复性的数字信号处理任务。对于高速并行的数字信号处理任务来说,FPGA 的性能远远超过通用 DSP(digital signal processor,数字信号处理器)的串行执行架构,另外它的接口电压和驱动能力都是可编程配置的,不像传统的 DSP 要受指令集控制[因为指令集的时钟周期的限制,不能处理太高速的信号,所以对于速率级为 Gbps 的 LVDS(low-voltage differential signaling,低电压差分信号)之类的信号就难以涉及,因此在数字信号处理领域 FPGA 的应用也是十分广泛的。

3) 视频图像处理领域

随着时代的变换,人们对图像的稳定性、清晰度、亮度和颜色的追求越来越高,如以前的标清(SD)慢慢演变成高清(HD),再到现在人们追求的蓝光品质图像,这使得处理芯片需要实时处理的数据量越来越大,并且图像的压缩算法也越来越复杂,因而单纯地使用 ASSP (application-specific standard product,特定应用标准产品)或者 DSP 已经满足不了如此大的数据处理量了。这时 FPGA 的优势就凸显出来了,它可以更加高效地处理数据,因此在图像处理领域,在综合考虑成本后,FPGA 越来越受到市场的欢迎。

4) 高速接口设计领域

FPGA 的高速处理能力和多达成百上千个的 I/O 决定了它在高速接口设计领域的独特优势,例如和 PC (personal computer,个人计算机)端做数据交互等。PC 与外部系统通信的接口比较丰富,如 ISA(industry standard architecture,工业标准结构)总线、PCI (peripheral component interconnection,周边元件扩展接口)、PCI Express、PS/2、USB (universal serial bus,通用串行总线)等,传统的做法是对应的接口使用对应的接口芯片,例如 PCI 接口芯片,当需要很多接口时就需要多个这样的接口芯片,这无疑会使硬件外设变得复杂,体积变得庞大,会很不方便。但是如果使用 FPGA,则优势就会立刻显现出来,因为不同的接口逻辑都可以在 FPGA 内部去实现,完全不需要那么多的接口芯片,再配合 DDR (double data rate,双倍速率)存储器使用,将使接口数据的处理变得更加得心应手。

5) 人工智能领域

近 20 年来,人工智能迅速发展,5G 的顺利研发也使得人工智能如虎添翼。可以预见,未来必将是人工智能的天下。FPGA 在人工智能系统的前端部分也得到了广泛的应用,例如自动驾驶系统,需要对行驶路线、红绿灯、路障和行驶速度等各种交通信号进行采集,会用到多种传感器,可以使用 FPGA 对这些传感器进行综合驱动和融合处理。还有一些智能机器人,需要对图像进行采集和处理,或者对声音信号进行处理,也可以使用 FPGA 去完成。FPGA 在人工智能系统的前端信息处理上应用起来非常方便。

6) IC 验证领域

IC(integrated circuit,集成电路)是在单个芯片上集成多个电子器件和元件的电路,它比传统的离散元件电路更小、更轻、更可靠、更节约材料和能量。在现代电子技术中,集成电路被广泛应用于计算机、通信、消费电子、控制系统等各个领域。俗话说“大炮一响,黄金万两”,在 IC 领域光刻机一开也是黄金万两,因此 IC 设计都强调一次成功。要保证 IC 设计一次成功,需要进行充分的仿真测试和 FPGA 验证。仿真测试是在服务器上运行仿真软件进行测试,例如 ModelSim/VCS 软件;FPGA 验证主要是把 IC 的代码移植到 FPGA 上,使用

FPGA综合工具进行综合、布局布线到最终生成bit文件，然后下载到FPGA上进行验证。对于复杂的IC，还可以将其拆成几个功能模块分别放在FPGA上进行验证。FPGA生成的电路非常接近真实的IC芯片，这样就极大地方便了IC设计人员去验证自己的IC设计。

1.2 FPGA现状

目前国际市场上主要的FPGA厂家有3家，分别是美国的Xilinx和Altera(现为英特尔旗下的Intel FPGA)，以及中国的华为海思。这3家公司在FPGA市场上拥有很高的地位和知名度，其产品也拥有很好的性能和可靠性且应用广泛。下面对这3家公司的FPGA产品进行简单介绍。

1) Xilinx(赛灵思)

Xilinx成立于1984年，是全球领先的可编程逻辑完整解决方案的供应商，是FPGA市场上的领导者，其FPGA产品系列包括Artix，Kintex，Virtex等，可满足不同市场和应用的需求。Xilinx还提供适用于各种应用的开发工具和设计支持，帮助用户在设计中最大程度地发挥FPGA的优势。Xilinx研发、制造并销售范围广泛的高级集成电路、软件设计工具以及作为预定义系统级功能的IP(intellectual property)核。客户使用Xilinx及其合作伙伴的自动化软件工具和IP核对器件进行编程，从而完成特定的逻辑操作。Xilinx首创了现场可编程门阵列(FPGA)这一创新性的技术，并于1985年首次推出商业化产品。Xilinx满足了全世界对FPGA产品一半以上的需求。Xilinx产品系列还包括复杂可编程逻辑器件(CPLD)。在某些控制应用方面，CPLD通常比FPGA速度快，但其提供的逻辑资源较少。Xilinx编程逻辑解决方案缩短了电子设备制造商开发产品的时间并加快了产品面市的速度，从而减小了制造商的风险。与采用传统方法如固定逻辑门阵列相比，利用Xilinx可编程器件，客户可以更快地设计和验证他们的电路。Xilinx器件是可以进行编程的标准部件，客户不需要像采用固定逻辑芯片时那样等待样品或者付出巨额成本。Xilinx产品已被广泛应用于从无线电话基站到智能仪器等的实际应用中。

2) Intel FPGA(前身是Altera)

Intel FPGA秉承了创新的传统，是世界上可编程芯片系统(SOPC)解决方案的倡导者。Altera结合带有软件工具的可编程逻辑技术、知识产权(IP)和技术服务，在世界范围内为14 000多个客户提供高质量的可编程解决方案。新产品系列将可编程逻辑的内在优势、灵活性好、产品及时面市和更高级性能以及集成化结合在一起，是专为满足当今大范围的系统需求而开发设计的。2015年，英特尔宣布收购FPGA厂商Altera，这是英特尔公司历史上规模最大的一笔收购。随着收购的完成，Altera成为英特尔旗下可编程解决方案事业部。Altera使用最广泛的是Cyclone系列FPGA芯片，此外还有Agilex系列、Stratix系列、Arria系列、Max系列等。

3) 华为海思

华为海思是中国领先的半导体研发公司之一，也是FPGA领域的新兴力量。华为海思FPGA产品线包括人工智能加速器、视频图像处理器、网络加速器等系列产品，可用于各种不同的应用场景。作为国内领先的FPGA厂商，华为海思在本土电信、云计算和大数据等领域有着很高的市场占有率。

除此之外，我国的 FPGA 厂商还有上海复旦微电子、紫光同创、京微雅格、高云半导体、上海安路、西安智多晶等。经过多年的发展，国产芯片在性能、制程等方面取得了重大进步，与 FPGA 巨头的产品相比，有着极高的性价比，且技术自主可控。虽然目前我国的国产 FPGA 刚起步，但我们相信，随着时间和经验的积累，以及国产芯片的大规模使用，相应的器件和开发工具也会越来越完善，我国 FPGA 的发展将会越来越好。

1.3 Logos 系列芯片简介

紫光同创的 FPGA 产品线分为 Titan 系列和 Logos 系列，其中 Titan 系列 FPGA 是中国第一款具有自主产权的千万门级高性能 FPGA 产品，采用先进成熟的工艺和自主产权的体系结构，广泛适用于通信网络、信息安全、数据中心、工业控制等领域，拥有高达 174 KB 等效 LUT4 逻辑单元、自主的 LUT5 架构、创新的软硬件一体化开发流程等诸多特性；而 Logos 系列 FPGA 采用先进成熟的工艺和全新的 LUT5 结构，集成 RAM(random access memory，随机存取存储器)、DSP(digital singnal processor，数字信号处理器)、ADC(analog-to-converter，模数转换模块)、SerDes、DDR3 SDRAM(double-data-rate 3 synchronous dynamic random-access memory)等丰富的片上资源和 I/O 接口，具备低功耗、低成本和丰富的功能，为客户提供高性价比的解决方案，广泛应用于工业控制、通信、消费类等领域，是客户大批量、成本敏感型项目的理想选择。Logos 系列 FPGA 采用完全自主产权的体系结构和主流的 40 nm 工艺。Logos 系列 FPGA 包含创新的可配置逻辑模块(CLM)、专用的 18 KB 存储单元(DRM)、算术处理单元(APM)、多功能高性能 I/O 以及丰富的片上时钟资源等模块，并集成了存储控制器(HMEMC)、模数转换模块等硬核资源，支持多种配置模式，同时提供位流加密、器件 ID(UID)等功能以保护用户的设计安全。基于以上特点，Logos 系列 FPGA 能够适用于视频、工业控制、汽车电子和消费电子等多个领域。总而言之，Logos 系列 FPGA 是一款功能相对完善、成本相对较低的高性价比的 FPGA 芯片，并且经过了市场的长期检验，深受广大工程师的喜爱。

下面以芯片型号 PGL22GS-6IFBG256 为例，介绍 Logos 系列芯片的命名规则(图 1.3.1)，方便大家以后的选型。

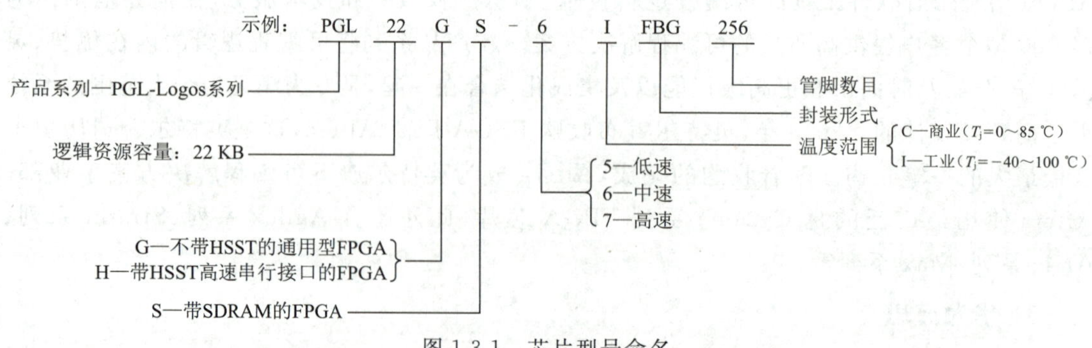

图 1.3.1 芯片型号命名

PGL：产品系列(紫光同创公司 Logos 系列)。

22：逻辑资源(logic cells)容量。

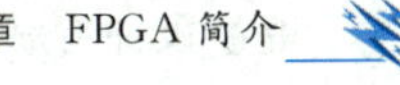

-6:速度等级(数字越大速度等级越高)。

I:温度范围。

FBG:封装形式。

256:引脚数目。

1.4 Verilog基础模块应用

FPGA是一种可编程逻辑器件,它可以通过配置FPGA上的逻辑单元来实现各种不同的数字电路功能。而硬件描述语言(例如Verilog HDL)则是一种用于描述数字电路的语言,是在用途最广泛的C语言的基础上发展起来的,具有灵活性高、易学易用等特点。设计师使用Verilog HDL编写数字电路的描述,并通过Verilog HDL工具将这些描述转换成FPGA可以理解的配置文件,然后使用这些配置文件对FPGA进行编程配置,从而实现数字电路的设计,因此,FPGA和Verilog HDL之间是密切相关的。Verilog HDL可以在较短的时间内学习和掌握,目前已经在FPGA开发/IC设计领域占据绝对的领导地位。下面首先介绍常用的Verilog语言语法,然后在此基础上,针对数字电路中常见的逻辑功能模块,举例说明其Verilog功能实现代码和仿真测试代码。Verilog的具体使用方法和仿真波形产生过程参见第5章相关内容。

1.4.1 常用的Verilog语言语法

1) 常量

整数:整数可以用二进制b或B,八进制o或O,十进制d或D,十六进制h或H表示。例如,8'b00001111表示8位位宽的二进制整数,4'ha表示4位位宽的十六进制整数。

x和z:x代表不定值,z代表高阻值。例如,5'b00x11,第三位为不定值;3'b00z,最低位为高阻值。

下划线:在位数过长时可以用来分割位数,提高程序的可读性。

2) 变量

变量是指程序运行时可以改变其值的量。下面主要介绍几个常用的变量类型。

wire型:wire型变量也称为网络类型变量,用于结构实体之间的物理连接,如门与门之间的连接;不能储存值,可用连续赋值语句assign赋值。对于一个变量a,如果需要定义为wire类型,则定义指令为:

wire [n-1:0] a;

其中,n代表位宽。例如指令wire a;assign a=b;是将b的节点连接到连线a上。

reg型:reg型变量也称为寄存器变量,可用来储存值,但必须在always语句里使用。它的定义为:

reg [n-1:0] a;

表示n位位宽的寄存器。例如指令reg[7:0] a;定义了8位位宽的寄存器a。

memory型:可以用memory类型来定义RAM和ROM等存储器,其定义为:

reg [n-1:0] 存储器名 [m-1:0];

表示m个n位宽度的寄存器。例如指令reg [7:0] ram [255:0];定义了256个8位寄存器,其中,256 为存储器的深度,8 为数据宽度。

3) 运算符

赋值运算符:"="表示阻塞赋值,"<="表示非阻塞赋值。阻塞赋值是指执行完一条赋值语句再执行下一条语句,即顺序执行,而且赋值是立即执行;非阻塞赋值可理解为并行执行,不考虑顺序,在 always 块语句执行完成后才进行赋值。

算术运算符:"+"(加法运算符),"-"(减法运算符),"*"(乘法运算符),"/"(除法运算符,如 7/3=2),"%"(取模运算符,也即求余数,如 7%3=1,即余数为 1)。

关系运算符:用于表示两个操作数之间的关系,如 a>b 和 a<b,多用于判断条件。

逻辑运算符:"&&"(两个操作数逻辑与),"||"(两个操作数逻辑或),"!"(单个操作数逻辑非)。

拼接运算符:"{ }",可将多个信号按位拼接。例如{a[3:0],b[1:0]};表示将 a 的低 4 位、b 的低 2 位拼接成 6 位数据。

条件运算符:"?:"(条件判断),类似于 if else,例如 assign a=(i>8)?1'b1:1'b0;用于判断 i 的值是否大于 8,如果大于 8,则 a 的值为 1,否则为 0。

位运算符:"~"(按位取反),"|"(按位或),"^"(按位异或),"&"(按位与),"^~"(按位同或)。除了"~"只需要 1 个操作数外,其他几个都需要两个操作数,如 a&b,a|b。

移位运算符:"<<"(左移位运算符),">>"(右移位运算符),如 a<<1 表示向左移 1 位,a>>2 表示向右移 2 位。

1.4.2 常见的逻辑功能模块

1) 与门电路

在 Verilog 中以"&"表示按位与,如 c=a&b。另外,Modelsim 是常用的 Verilog 代码仿真工具,Verilog 代码一般使用 Modelsim 仿真软件查看仿真波形。

代码实现如下:

```
module and_gate
(
//input
input A,
input B,
//output
output wire Y
);
assign Y=A&B;
endmodule
```

Modelsim 仿真测试程序如下:

```
'timescale 1 ns/1 ps
module TB();
```

```
reg sys_clk;
reg sys_rst_n;
reg A;
reg B;
wire Y;
initial
    begin
        sys_clk=1'b0;
        sys_rst_n=1'b0;
        //初始化 A 和 B 都为 0
        A=1'b0;
        B=1'b0;
        #200
        sys_rst_n=1'b1;
        //让 A 为 1, B 为 0
        A=1'b1;
        B=1'b0;
        #200
        //让 A 为 0, B 为 1
        A=1'b0;
        B=1'b1;
        #200
        //让 A 为 1,B 为 1
        A=1'b1;
        B=1'b1;
    end
always #10 sys_clk = ~sys_clk;
and_gate u_and_gate(
.A (A),
.B (B),
.Y (Y)
);
endmodule
```

上面的测试代码是先初始化 A 和 B 为 0，经过 200 ns 后让 A 为 1、B 为 0，再经过200 ns 后让 A 为 0、B 为 1，最后经过 200 ns 让 A 和 B 同时为 1。

注意：此处的时钟 sys_clk 和复位信号 sys_rst_n 没有意义，组合逻辑不需要时钟和复位信号，此处添加时钟和复位信号仅是为了方便波形有时钟跳变看得更直观一些。

在 Modelsim 仿真软件中，对工程编译后，点击仿真按钮，即可看到如图 1.4.1 所示的波形。

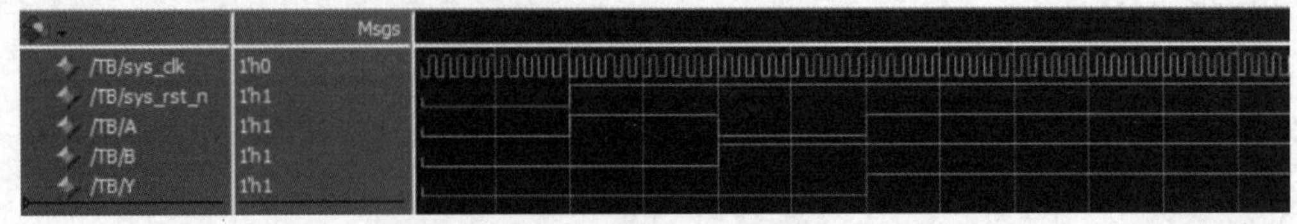

图 1.4.1 程序仿真结果 1

从仿真波形可以看出，当 A 或者 B 不全为 1 时，输出 Y 为 0；只有当 A 和 B 全为 1 时，输出 Y 才为 1。

2）或门电路

在 Verilog 中以“|”表示按位或，如 c = a|b，只有当 a 和 b 都为 0 时结果才为 0。

代码实现如下：

```
module top(a, b, c);
input a;
input b;
output c;
assign c=a|b;
endmodule
```

Modelsim 仿真测试程序如下：

```
'timescale 1 ns/1 ns
module toptb();
reg a;
reg b;
wire c;
initial
begin
   a=0;
   b=0;
   forever
   begin
      #({$random}%100)
      a=~a;
      #({$random}%100)
      b=~b;
   end
end
top t0(.a(a), .b(b),.c(c));
```

```
endmodule
```

3）比较器电路

在 Verilog 中,以"＞"表示大于,"＝＝"表示等于,"＜"表示小于,"＞＝"表示大于或等于,"＜＝"表示小于或等于,"！＝"表示不等于,例如 c＝a＞b;表示如果 a 大于 b,那么 c 的值就为 1,否则为 0。

代码实现如下：

```
module top(a, b, c);
input a;
input b;
output c;
assign c=a>b ;
endmodule
```

Modelsim 仿真测试程序如下：

```
'timescale 1 ns/1 ns
module top_tb();
reg a;
reg b;
wire c;
initial
  begin
  a=0;
  b=0;
  forever
    begin
      #({$random}%100)a=~a;
      #({$random}%100) b=~b;
      end
    end
top t0(.a(a),.b(b),.c(c));
endmodule
```

仿真结果如图 1.4.2 所示。

图 1.4.2 程序仿真结果 2

4）半加器电路

半加器和全加器是算术运算电路中的基本单元，由于半加器不考虑从低位来的进位，所以称为半加器。在下面程序中，sum 表示相加结果，count 表示进位。

代码实现如下：

```
module top(a, b, sum, count);
input a;
input b;
output sum;
output count;
assign sum=a ^ b;
assign count=a & b;
endmodule
```

Modelsim 仿真测试程序如下：

```
'timescale 1 ns/1 ns
module top_tb() ;
reg a;
reg b;
wire sum;
wire count;
initial
begin
   a=0;
   b=0;
   forever
   begin
      #({$random}%100)
      a=~a;
      #({$random}%100)
      b=~b;
   end
end
top t0(.a(a),.b(b),.sum(sum),.count(count));
endmodule
```

5）全加器电路

与半加器相比，全加器需要加上低位来的进位信号 cin。

代码实现如下：

```
module top(cin, a, b, sum, count);
input cin;
input a;
input b;
output sum;
    output count;
assign{count,sum}=a+b+cin;
endmodule
```

Modelsim 仿真测试程序如下：

```
'timescale 1 ns/1 ns
module top_tb() ;
reg a;
reg b;
reg cin;
wire sum;
wire count;
initial
begin
  a=0;
  b=0;
  cin=0;
  forever
  begin
    #({ $ random}%100)
    a=~a;
    #({ $ random}%100)
    b=~b;
    #({ $ random}%100)
    cin=~cin;
  end
end
top t0(.cin(cin),.a(a),.b(b),.sum(sum),.count(count));
endmodule
```

仿真结果如图 1.4.3 所示。

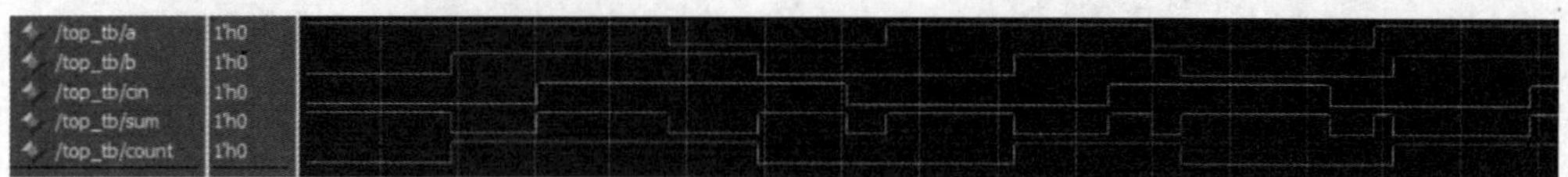

图 1.4.3　全加器程序仿真结果

6）数据选择器电路

在 Verilog 中经常用到数据选择器，通过选择不同的输入信号将其输出到输出端。下面程序实现的是四选一数据选择器，其中 sel[1:0]为选择信号；a,b,c,d 为输入信号；Mux 为输出信号。

代码实现如下：

```
module top(a, b, c, d, sel, Mux);
input a;
input b;
input c;
input d;
input [1:0] sel;
output reg Mux;
always @(sel or a or b or c or d)
begin
   case(sel)
         2'b00:Mux=a;
         2'b01:Mux=b;
         2'b10:Mux=c;
         2'b11:Mux=d;
   endcase
   end
endmodule
```

Modelsim 仿真测试程序如下：

```
'timescale 1 ns/1 ns
module top_tb();
reg a;
reg b;
reg c;
reg d;
reg [1:0] sel;
wire Mux;
initial
begin
```

```
  a=0;
  b=0;
  c=0;
  d=0;
  forever
  begin
    #({$random}%100)
    a={$random}%3;
    #({$random}%100)
    b={$random}%3;
    #({$random}%100)
    c={$random}%3;
    #({$random}%100)
    d={$random}%3;
  end
end
initial
  begin
    sel=2'b00;
    #2000 sel=2'b01;
    #2000 sel=2'b10;
    #2000 sel=2'b11;
  end
top t0(.a(a),.b(b),.c(c),.d(d),.sel(sel),.Mux(Mux));
endmodule
```

7) 3-8 译码器电路

3-8 译码器是一个很常用的器件,根据 3 个输入选择端的值得出不同的结果。

代码实现如下:

```
module top(addr, decoder);
input [2:0] addr;
output reg [7:0] decoder;
always @(addr)
begin
  case(addr)
    3'b000:decoder=8'b1111_1110;
    3'b001:decoder=8'b1111_1101;
    3'b010:decoder=8'b1111_1011;
```

```
        3'b011:decoder=8'b1111_0111;
        3'b100:decoder=8'b1110_1111;
        3'b101:decoder=8'b1101_1111;
        3'b110:decoder=8'b1011_1111;
        3'b111:decoder=8'b0111_1111;
    endcase
end
endmodule
```

Modelsim 仿真测试程序如下：

```
'timescale 1 ns/1 ns
module top_tb();
reg [2:0] addr;
wire [7:0] decoder;
initial
begin
   #2     addr=3'b000;
   #2000 addr=3'b001;
   #2000 addr=3'b010;
   #2000 addr=3'b011;
   #2000 addr=3'b100;
   #2000 addr=3'b101;
   #2000 addr=3'b110;
   #2000 addr=3'b111;
     end
top t0(.addr(addr),.decoder(decoder));
endmodule
```

8) D 触发器电路

组合逻辑电路的特点是在任意时刻的输出仅取决于当前时刻的输入信号，与电路原来的状态无关。而时序逻辑电路的特点是在任意时刻的输出不仅取决于当前时刻的输入信号，而且取决于电路原来的状态。例如，D 触发器在时钟的上升沿或下降沿存储数据，输出状态与时钟跳变之前的输入信号的状态相同。

代码实现如下：

```
module top(d, clk, q);
input d;
input clk;
output reg q;
```

```
    always @(posedge clk)
begin
  q<=d;
end
    endmodule
```

Modelsim仿真测试程序如下：

```
'timescale 1 ns/1 ns
module top_tb();
reg d;
reg clk;
wire q;
initial
begin
  d=0;
  clk=0;
  forever
  begin
    #({$random}%100)
    d=~d;
  end
end
always #10 clk=~clk;
top t0(.d(d),.clk(clk),.q(q));
endmodule
```

仿真结果如图1.4.4所示。在t_0时刻，d的值为0，则q的值也为0；在t_1时刻，d发生了变化，值为1，那么q也相应地发生了变化，值变为1。可以看到，在$t_0 \sim t_1$之间的一个时钟周期内，无论输入信号d的值如何变化，q的值都保持不变，也就是说系统具有存储的功能，保存的值为在时钟的跳变沿时d的值。

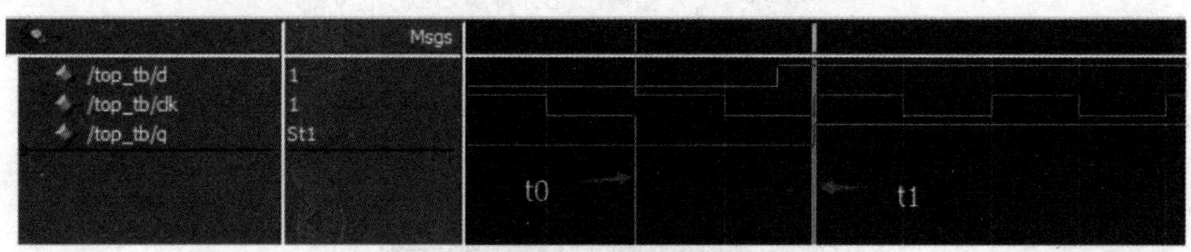

图1.4.4　D触发器程序仿真结果

第 2 章 FPGA 实验系统介绍

基于 PDS(pango design suite)软件的 FPGA 实验系统是一种 FPGA 开发平台。该实验平台的主要特点包括：

(1) 集成化软件开发环境。PDS 提供了集成化软件开发环境，可以支持 FPGA 的 Verilog 语言的设计、仿真、综合和下载等功能，可以方便地实现 FPGA 与外围设备的交互。

(2) 易于操作的外围硬件。该实验平台提供了各种易用的外围硬件，比如按键、LED、七段数码管等，可以方便地测试 FPGA 的输入输出功能和各种外设的接口。

(3) 丰富的教学资源。针对初学者，该实验系统提供了丰富的教学资源和实验案例，有利于快速掌握 FPGA 的设计和开发；提供了各种在线教程和技术支持，方便用户随时随地获取帮助。

(4) 具有可扩展性。该实验系统设计了可扩展的硬件接口，可以方便地扩展更多的外围设备；支持各种标准接口，如 I2C 和 USB 等，方便用户进行更复杂的 FPGA 应用开发。

综上所述，基于 PDS 软件的 FPGA 实验系统是一种功能强大、易用性好的 FPGA 开发平台，适合初学者和专业人士进行硬件开发和教学实验。

FPGA 实验系统的硬件结构是采用核心板＋扩展板的模式设计开发的。核心板和扩展板之间使用高速板间连接器连接，其中核心板主要由 FPGA＋DDR3＋QSPI FLASH(quad SPI flash)构成，承担 FPGA 高速数据处理和存储的功能。我们选用的 FPGA 为紫光同创公司的 PGL22G-6CMBG324 芯片，FPGA 采用 MBG324 封装。底板为核心板扩展了丰富的外围功能模块，可以实现多种类型的信号的输入和输出，例如 1×6 拨动开关、1×6 路 LED 灯、16×16 点阵、4×4 键盘、4×2 共阴极数码管、2×1 独立数码管、AD/DA(analog to digital/digital to analog)转换电路、UART(universal asynchronous receiver/transmitter)串口接口、JTAG(joint test action group)下载口电路、OLED(organic light-emitting diode)显示屏、TFT(thin film transistor)显示屏等。图 2.0.1 为实验箱实物图。

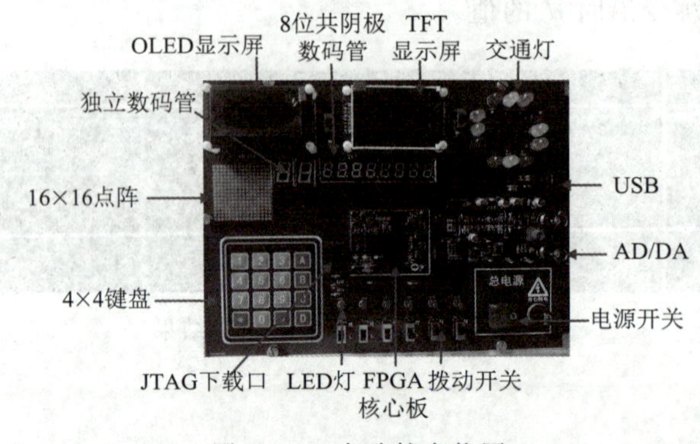

图 2.0.1 实验箱实物图

2.1 FPGA核心板简介

实验系统的核心板采用的是紫光同创公司开发的 Logos 系列 FPGA 高性能核心板，具有高速、高带宽、高容量等特点，适合在高速数据通信、视频图像处理、高速数据采集等方面使用。核心板使用 1 块 Micron(美光)公司的 MT41J128M16HA-125 型号的 DDR3 芯片，容量为 256 MB;DDR3 芯片和 FPGA 芯片总线宽度为 16 bit，数据时钟频率高达 800 MHz，可以满足高带宽的数据处理需求。板上的 128 MB QSPI FLASH 芯片的型号为 W25Q128，用于存储 FPGA 系统的启动文件。核心板扩展出 114 个 FPGA 的 I/O 口(默认为 3.3 V 电平标准)，并且核心板尺寸仅为 45 mm×55 mm。图 2.1.1 为 FPGA 核心板实物图。

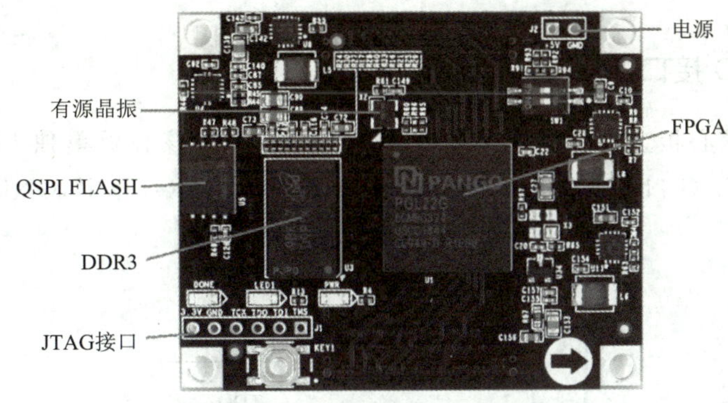

图 2.1.1　FPGA 核心板实物图

2.1.1　FPGA

我们所使用的 FPGA 型号为 PGL22G-6CMBG324，属于紫光同创公司的 Logos 系列产品，速度等级为−6，温度等级为商业级 C。此型号为 MBG324 封装，有 324 个引脚。

2.1.2　有源晶振

PGL22G 核心板上配有一个 50 MHz 的有源晶振作为 FPGA 的系统主时钟，如图 2.1.2 所示，其中 X2 为石英晶体，R60 和 R61 为限流电阻，C149 为滤波接地电容。晶振输出连接到 FPGA 的时钟的输入引脚(Pin B5)，这个时钟可以用来驱动 FPGA 内的用户逻辑电路，用户可以通过配置 FPGA 内部的 PLLs 实现更高的时钟。

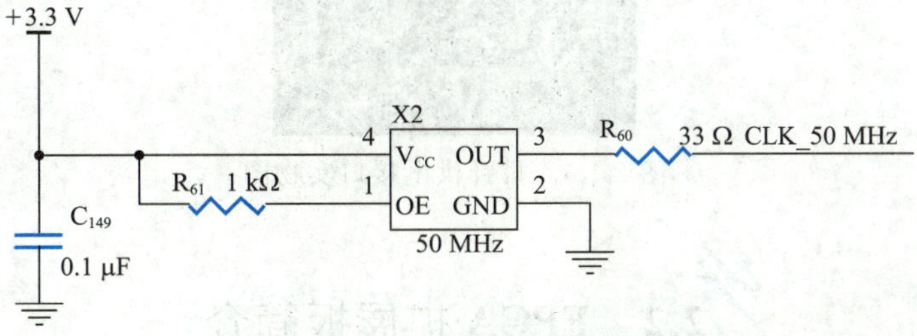

图 2.1.2　50 MHz 有源晶振

2.1.3 DDR3

核心板上配有 1 个 Micron 公司的 256 MB 的 DDR3 芯片，型号为 MT41J128M16HA-125。DDR3 的总线宽度共为 16 bit。DDR3 SDRAM 的最高运行时钟速度可达 400 MHz。该 DDR3 存储系统直接连接到 FPGA 的存储器单元 BANK L1 和 BANK L2 的存储器接口上。

2.1.4 QSPI FLASH

核心板上使用了一片 128 Mbit 大小的 QSPI FLASH 芯片，型号为 W25Q128，它使用 3.3 V CMOS(complementary metal-oxide-semiconductor)电压标准。由于具有非易失特性，所以 QSPI FLASH 除了用于存储 FPGA 配置文件外，还可以存储其他的用户数据文件。

2.1.5 JTAG 接口

在 PGL22G 核心板上预留了 JTAG 的测试座 J1，用于核心板单独 JTAG 的下载和调试。图 2.1.3 是 JTAG 口的引脚图，其中涉及 TMS，TDI，TDO，TCK，GND，+3.3 V 这 6 个信号。

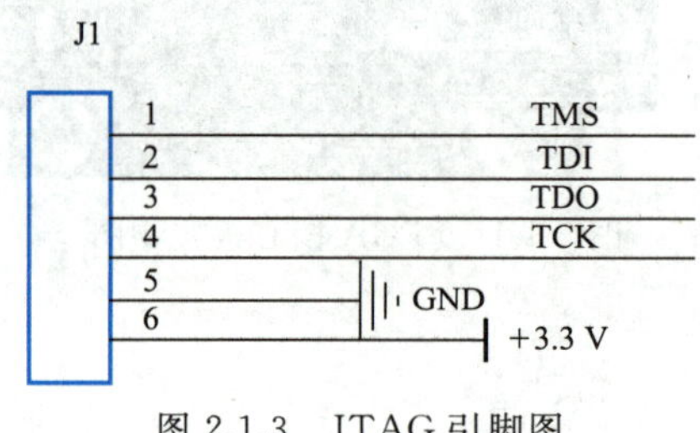

图 2.1.3 JTAG 引脚图

2.1.6 电源接口

为了能使核心板单独工作，核心板预留了排针供电接口，通过杜邦线连接到外部+5 V 电源供电。这样用户就可以在无须底板的情况下调试核心板的功能。排针供电接口(图 2.1.4)在核心板上的接口是 J2，当用户通过排针供电接口给核心板供电时，不能再通过底板供电，否则会造成电流冲突，甚至会产生不可预料的损坏。

图 2.1.4 排针供电接口实物图

2.2 FPGA 扩展板简介

FPGA 扩展板与核心板通过扩展口连接器实现硬件连接。核心板的背面一共扩展出 2

个高速扩展口，使用 2 个 80 PIN(引脚)的板间连接器和底板连接。FPGA 的 I/O 口和差分信号通过这 2 个扩展口跟底板连接，默认 I/O 的电平标准为 3.3 V。连接器的 PIN 脚间距为0.5 mm，它与扩展板的母座连接器连接以实现核心板和扩展板的高速数据通信。扩展口连接器的实物图如图 2.2.1 所示，扩展口管脚分配定义如图 2.2.2 所示。下面结合硬件实物介绍每部分的功能。

图 2.2.1　扩展口连接器的实物图

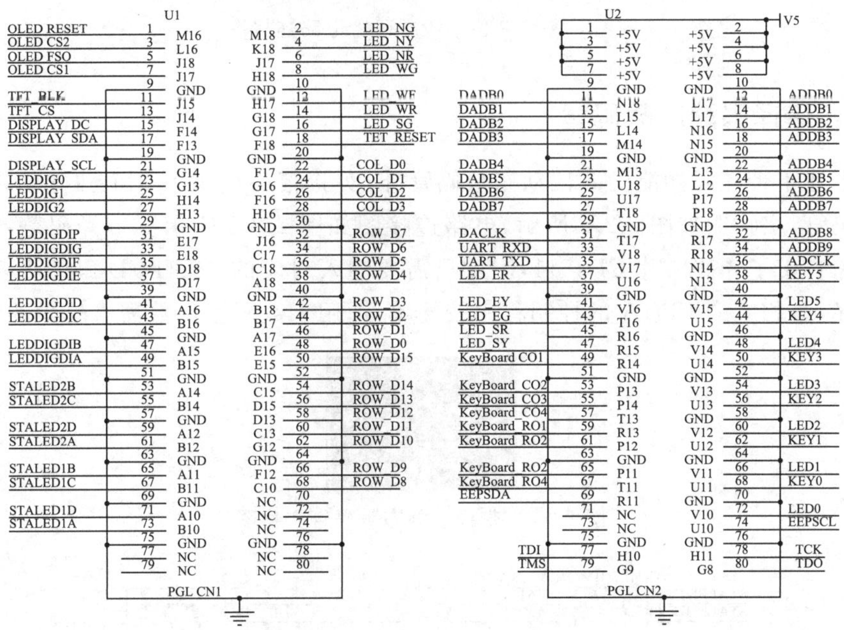

图 2.2.2　扩展口引脚分配定义

2.2.1　8 位动态 7 段数码管

7 段数码管是电子开发过程中常用的输出显示设备，在开发箱中使用的是 2 个四位一体、共阴极 7 段数码管，实物图如图 2.2.3 所示，电路连接图如图 2.2.4 所示。对于单个数码管，如果 7 段数码管公共端连接到 GND(共阴极型)，当数码管中的某一段输入高电平时，则相应的这一段被点亮，反之则不亮；共阳极的数码管与之相反。四位一体的 7 段数码管在单个静态数码管的基础上加入了用于选择哪一位数码管的位选信号端口，分别接到 4 个数码管的公共端。4 个数码管的 a,b,c,d,e,f,g,dp 接在一起。

图 2.2.3　8 位 7 段数码管实物图

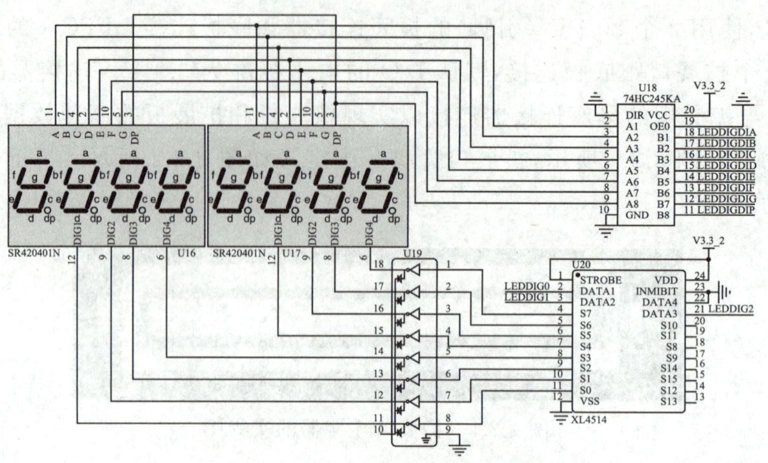

图 2.2.4 8 位 7 段数码管电路连接图

2.2.2 带译码静态数码管

除了上述不带译码功能的 8 位动态数码管外，实验箱还提供了 2 个独立的带译码功能的 7 段数码管，实物图如图 2.2.5 所示，电路连接图如图 2.2.6 所示。带译码静态数码管因为内部电路自带了译码芯片 CD4511，因此只需要输入对应的 8421BCD 码即可实现数码管的控制和显示，相应的 FPGA 的控制程序较简单，适用于数码管位数需求较少的实验内容。

图 2.2.5 带译码静态数码管实物图

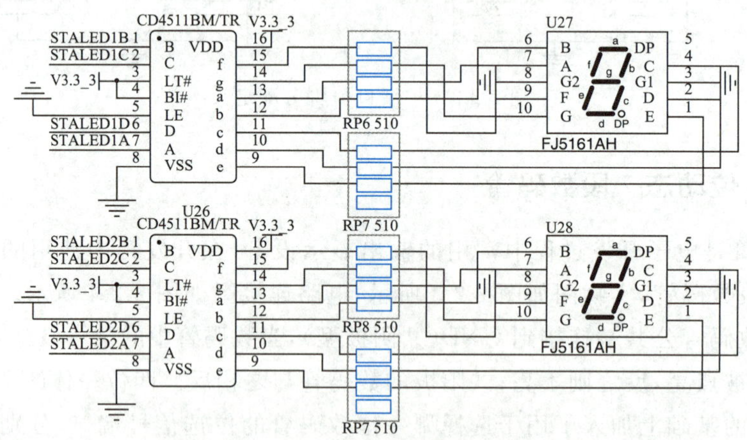

图 2.2.6 带译码静态数码管电路连接图

2.2.3 16×16 LED 点阵

16×16 LED 点阵是由 256 个 LED 通过排列组合而形成的 16 行×16 列的一个矩阵式的 LED 阵列，俗称 16×16 点阵。单个 LED 的电路如图 2.2.7 所示。

Rn —▷|— Cn

图 2.2.7 单个 LED 电路图

由图 2.2.7 可知，对于单个 LED 的电路图，当 Cn 输入一个低电平，同时 Rn 输入一个高电平时，电路形成一个回路，LED 发光，也就是 LED 点阵对应的这个点被点亮。16×16 点阵是由 16 行和 16 列 LED 组成的，其中每一行的所有 16 个 LED 的 Rn 端并联在一起，每一列的所有 16 个 LED 的 Cn 端并联在一起。16×16 LED 点阵电路实物图如图 2.2.8 所示，电路连接图如图 2.2.9 所示。

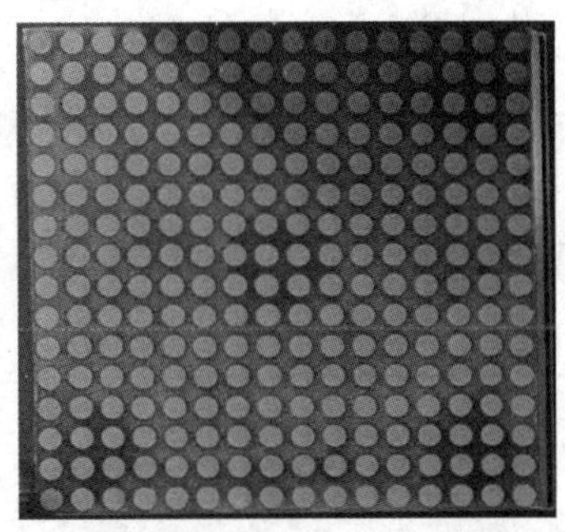

图 2.2.8 16×16 LED 点阵电路实物图

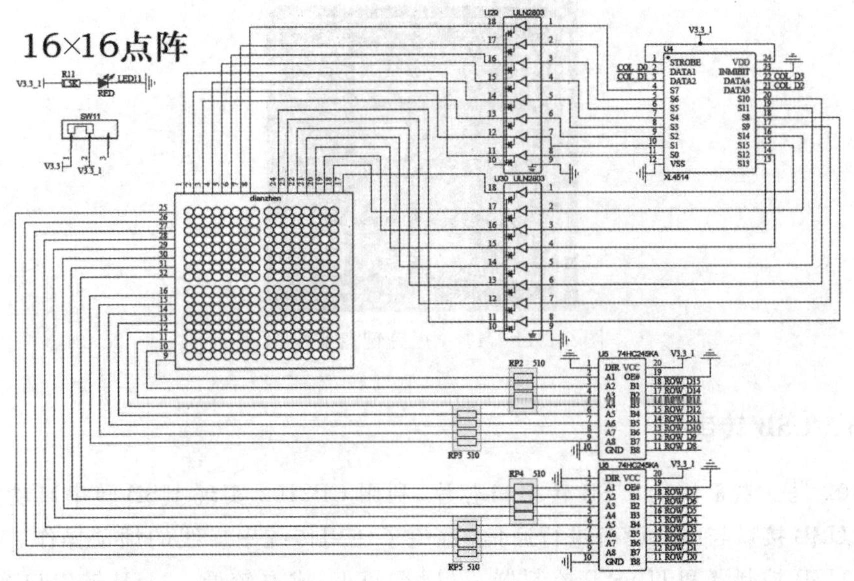

图 2.2.9 16×16 LED 点阵电路连接图

2.2.4 4×4 矩阵键盘

4×4 矩阵键盘电路原理图如图 2.2.10 所示，其工作原理如下：定义行线 R3，R2，R1，R0 为输出端口，定义列线 C3，C2，C1，C0 为输入端口。首先输出 4 行均为低电平，然后读入列值，如果读入的列值均为高电平，那么肯定没有按键被按下；如果读入的列值有一位为低电平，那么对应的列肯定有一个按键被按下，这样便可以获取到按键的列值。组合在一起，就可以得到按键的行值和列值。同理，获取行值也是如此，即定义行线 R3，R2，R1，R0 为输入端口,定义列线 C3,C2,C1,C0 为输出端口。首先输出 4 列均为低电平,然后读入行值,如果读入的行值均为高电平,那么肯定没有按键被按下;如果读入的行值有一位为低电平,那么对应的行肯定有一个按键被按下,这样便可以获取到按键的行值。4×4 矩阵键盘实物图如图 2.2.11 所示。

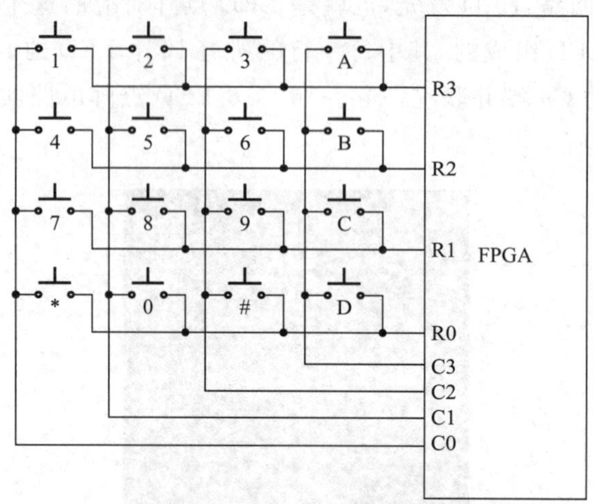

图 2.2.10　4×4 矩阵键盘电路原理图

图 2.2.11　4×4 矩阵键盘实物图

2.2.5　USB 转串口

CP2102 是一款常用的 USB 转串口芯片,利用 CP2102 实现 USB 转串口功能,可以让电脑通过 USB 接口与串口设备进行通信,避免了使用传统串口线的烦琐操作。CP2102 芯片集成了 USB 控制器和 UART 控制器,占用空间小,成本较低。USB 转串口实物图如图 2.2.12 所示,USB 转串口电路原理图如图 2.2.13 所示。

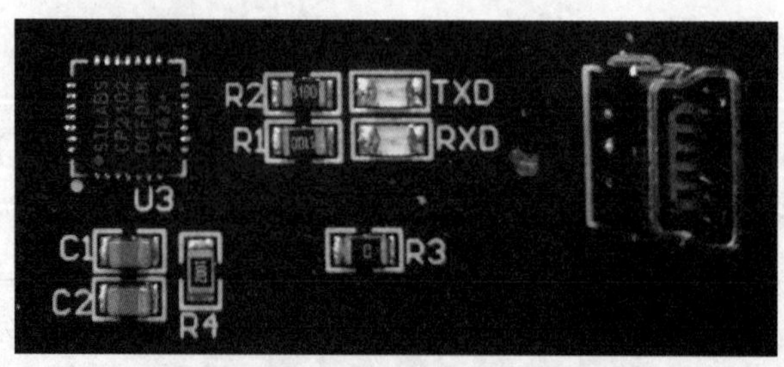

图 2.2.12　USB 转串口实物图

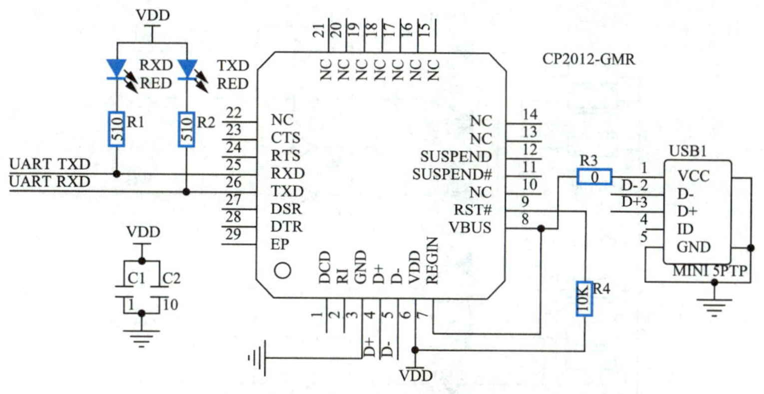

图 2.2.13　USB 转串口电路原理图

2.2.6　I2C 接口 EEPROM

24LC04BT 是 Microchip Technology（美国微芯科技）生产的一款 4 Kbit（位）（512 字节）串行 EEPROM 芯片，采用 I2C（双线串行总线）接口进行数据传输，并且在一个总线上可以同时连接多个设备。使用 I2C 接口连接 24LC04BT 芯片和微控制器，可以实现通过读取和写入操作来测试数据传输的功能。可以编写代码及使用 I2C 命令将数据写入特定的存储位置，并尝试从不同的地址读取数据。I2C 接口 EEPROM 实物图如图 2.2.14 所示，I2C 接口 EEPROM 电路原理图如图 2.2.15 所示。

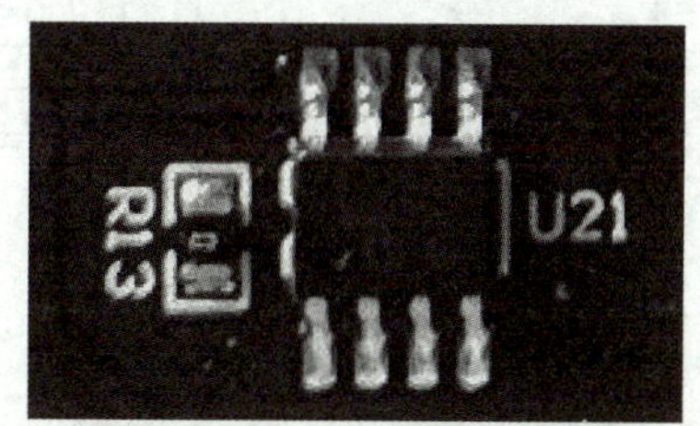

图 2.2.14　I2C 接口 EEPROM 实物图

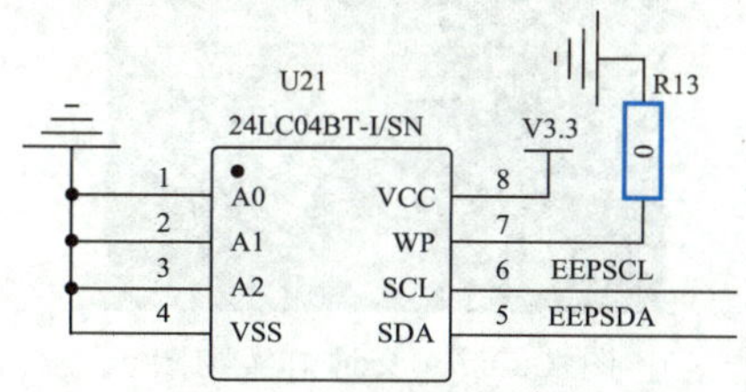

图 2.2.15　I2C 接口 EEPROM 电路原理图

2.2.7　交通灯

为了提高学生的 FPGA 编程能力和电路设计能力，利用实验箱开发了交通灯控制子功能模块。交通灯电路原理图如图 2.2.16 所示，交通灯实物图如图 2.2.17 所示。通过模拟真实的交通灯硬件环境，为学生提供一个开发综合实验内容的平台。

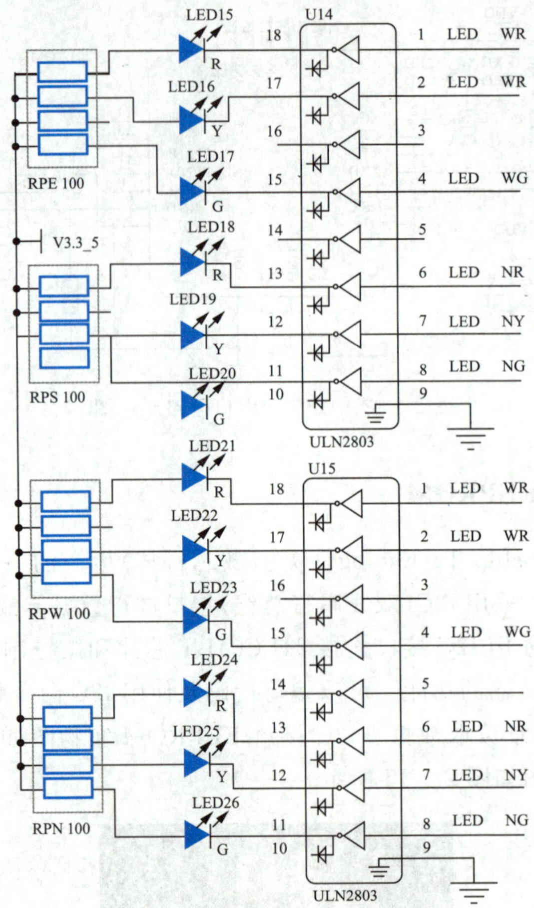

图 2.2.16　交通灯电路原理图

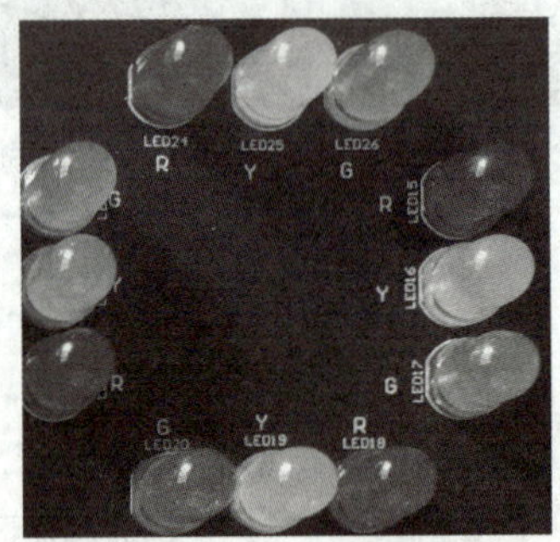

图 2.2.17　交通灯实物图

FPGA 实验箱除了上述的功能模块外，还有逻辑输入(开关)模块、逻辑输出(LED 灯)模块、AD/DA 模块、OLED/TFT 显示模块等，限于篇幅这里不再赘述。实验箱所涉及的 FPGA 引脚对应关系表参见附录。

第 3 章 实验系统配套软件安装

FPGA 实验箱的核心板采用的是我国紫光同创电子有限公司的 FPGA，具体型号为 PGL22G-6MBG324，其配套的开发软件为 PDS。PDS 是一款致力于 FPGA 开发的工具软件，其主要功能包括设计输入、综合、仿真、实现和位流。PDS 具有界面友好、操作简单等特点，能够借助一些常用的第三方 EDA 软件(主要是逻辑综合工具和仿真工具)完成 FPGA 全流程开发。最新的软件可到网站 http://www.pangomicro.com 下载。实验系统对应的仿真测试软件为 Modelsim。本章分别介绍 PDS 软件和 Modelsim 软件的安装步骤。

3.1 PDS 软件安装

PDS 2020.3 有 Linux 版本和 Windows 版本，可以根据需要进行选择与安装。安装过程是在 Windows10 64 位下进行的，可在解压后的软件包中找到“Setup.exe”安装文件(图 3.1.1)。注意：① 一般安装包不能解压在有中文路径的目录下；② 在安装之前请把电脑上的所有杀毒软件暂时关闭，以确保软件能够正常安装。

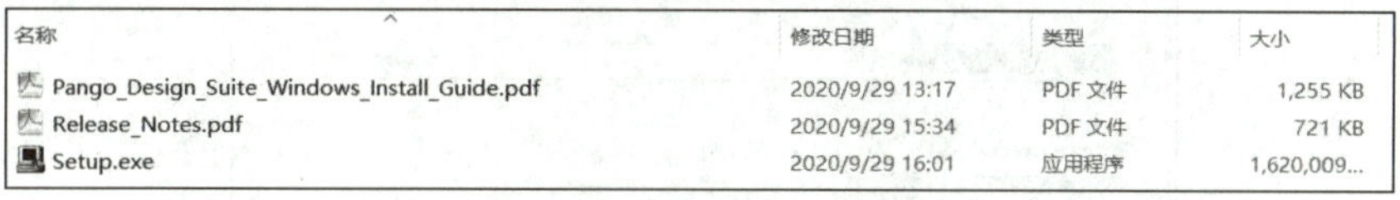

名称	修改日期	类型	大小
Pango_Design_Suite_Windows_Install_Guide.pdf	2020/9/29 13:17	PDF 文件	1,255 KB
Release_Notes.pdf	2020/9/29 15:34	PDF 文件	721 KB
Setup.exe	2020/9/29 16:01	应用程序	1,620,009...

图 3.1.1 安装文件示意图

3.1.1 PDS 2020.3 主要安装步骤

(1) 双击“Setup.exe”后出现如图 3.1.2 所示的界面，点击“Next”按钮。

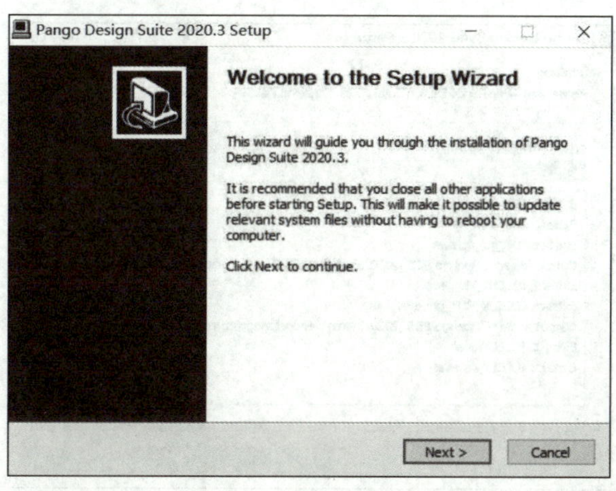

图 3.1.2 安装界面图 1

(2) 在弹出的界面(图 3.1.3)中选“I Agree”按钮。

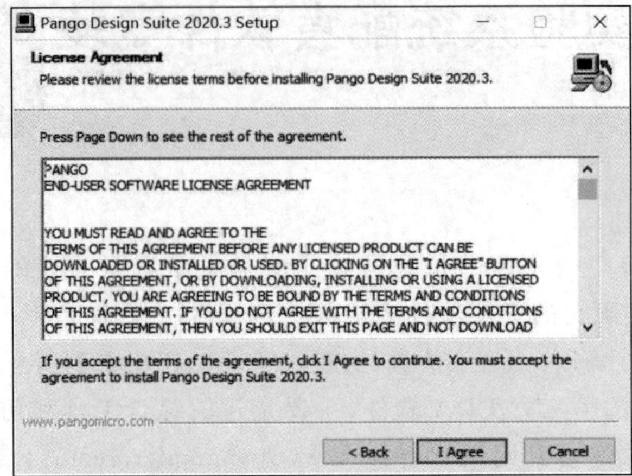

图 3.1.3　安装界面图 2

(3) 安装路径保持默认,不用修改,单击“Install”按钮(图 3.1.4)。

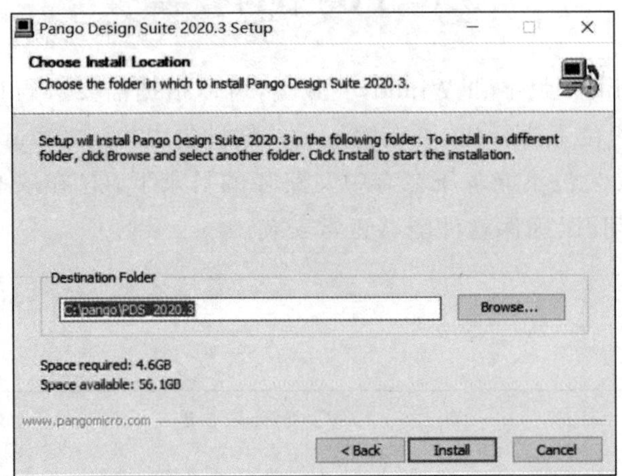

图 3.1.4　安装界面图 3

(4) 安装正在进行的界面如图 3.1.5 所示,安装结束后点击“Finish”按钮(图 3.1.6)。

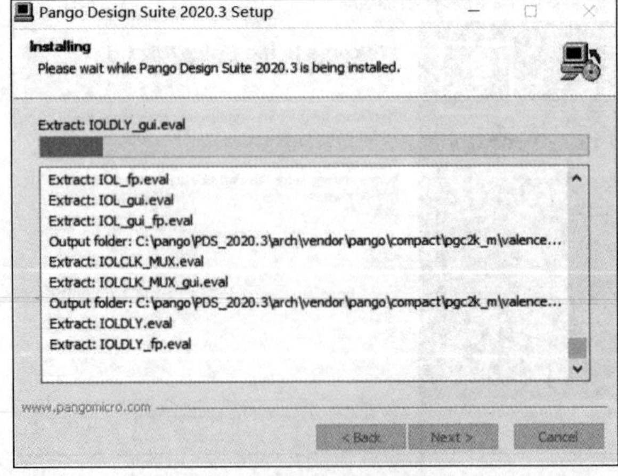

图 3.1.5　安装界面图 4

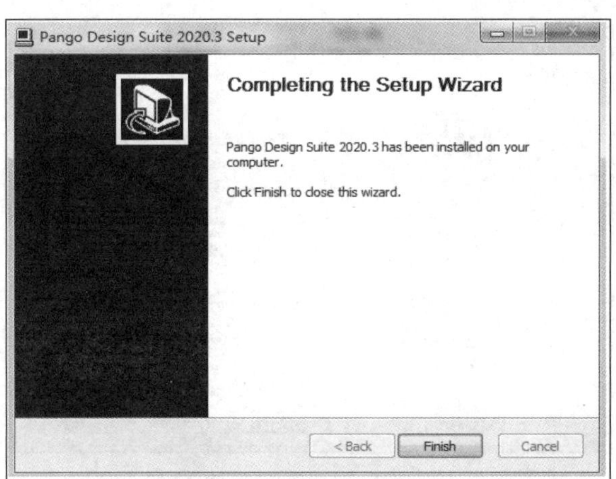

图 3.1.6　安装界面图 5

（5）在弹出的对话框中提示是否需要安装 vcredist_VS2017.exe（图 3.1.7）。若电脑之前未安装过，则需要点击“是”安装此运行库后才能运行 PDS，否则无须再次安装。

（6）在图 3.1.8 所示的界面中进行设置，然后点击“安装”按钮。安装完成后，点击“关闭”按钮。

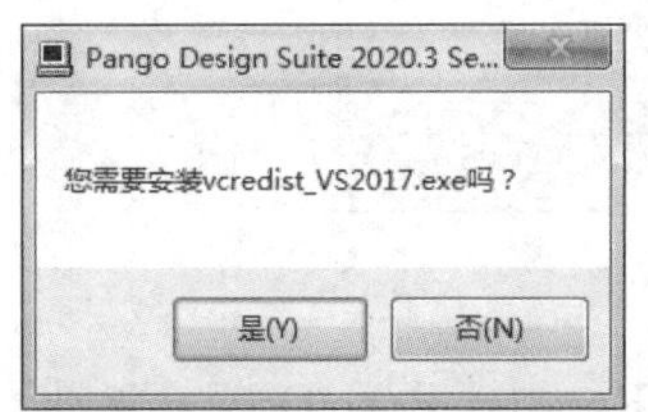

图 3.1.7　安装界面图 6

图 3.1.8　安装界面图 7

（7）进行 USB 接口的下载器驱动的安装。在图 3.1.9 所示界面中点击“是”按钮，然后按照图 3.1.10～图 3.1.12 所示的界面进行设置，直到安装完成。

图 3.1.9　安装界面图 8

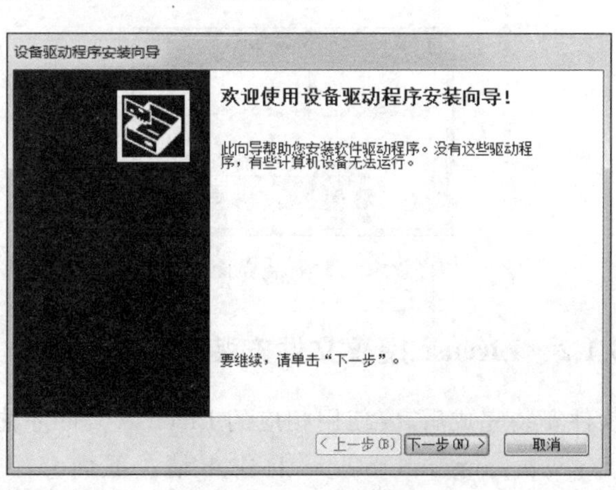

图 3.1.10　安装界面图 9

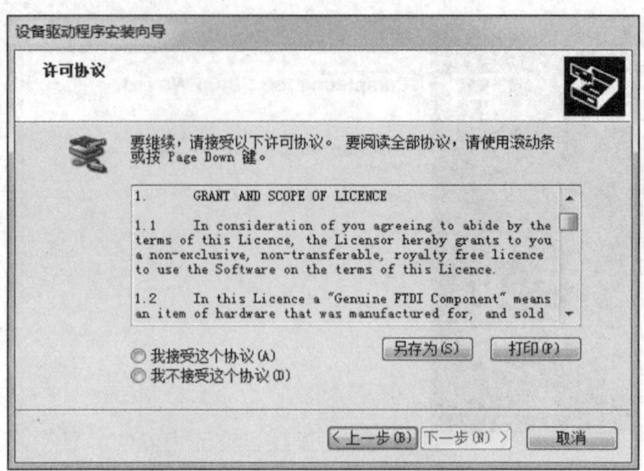

图 3.1.11 安装界面图 10

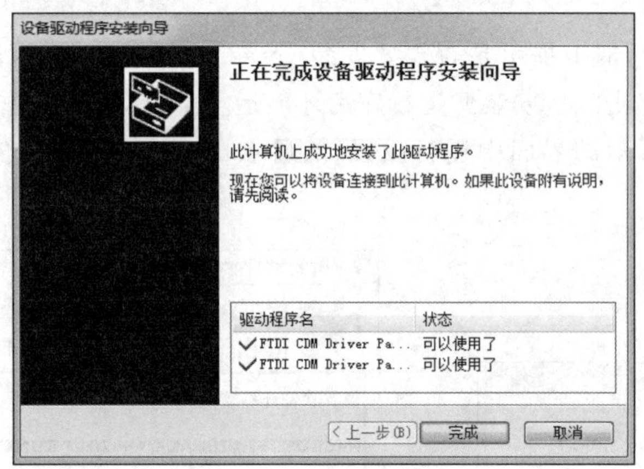

图 3.1.12 安装界面图 11

(8) 在图 3.1.13 所示的界面中选择“是”按钮，安装 Parallel Port Driver 驱动。本实验系统中没有用到 Parallel Port Drive 驱动，点击“否”即可。

(9) 至此，Pango Design Suite 2020.3 软件安装完成，在桌面上可看到图 3.1.14 所示的图标。

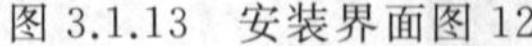
图 3.1.13 安装界面图 12

图 3.1.14 安装界面图 13

3.1.2 License 授权文件安装

软件安装完成后，要使用相应的 License 文件才能正常工作。License 文件可以到官网 http://www.pangomicro.com 自主申请。下面介绍如何将 License 文件与 PDS 软件相关联。

(1) 为了方便管理 License 文件，在 C 盘的安装目录下新建一个 License 文件夹来存放

License 文件,如图 3.1.15 所示。

名称	修改日期	类型	大小
pds_license.lic	2024/5/1 21:43	LIC 文件	2 KB

图 3.1.15　安装界面图 14

(2) 环境变量设置。在图 3.1.16 所示的高级系统设置界面中按照设置步骤顺序进行设置,在环境变量中添加变量名 PANGO_LICENSE_FILE,变量值为图 3.1.15 中的 pds_license 文件。

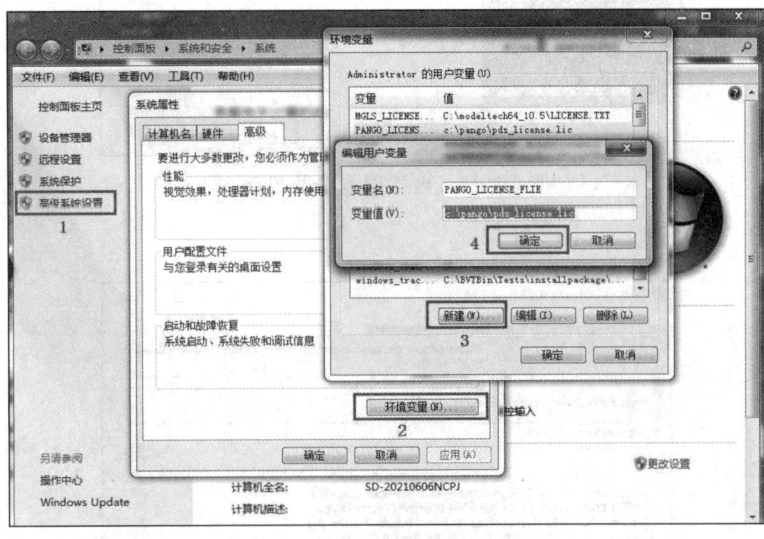

图 3.1.16　环境变量设置界面

3.1.3　建立虚拟网卡

(1) 虚拟网卡的安装文件"tap-windows"可以从官方提供的安装资料的目录下找到(图 3.1.17)。

名称	修改日期	类型	大小
Guagle_wave	2022/8/28 18:54	文件夹	
Image2Lcd	2022/8/28 18:54	文件夹	
NicWinPcap	2022/8/28 18:54	文件夹	
USB测试工具	2022/8/28 18:54	文件夹	
USB转串口驱动	2022/8/28 18:54	文件夹	
winhex	2022/8/28 18:54	文件夹	
串口调试工具	2022/8/28 18:54	文件夹	
网络调试工具	2022/8/28 18:54	文件夹	
以太网视频传输软件	2022/8/28 18:54	文件夹	
CP210x_Windows_Drivers.zip	2017/5/12 14:52	360压缩 ZIP 文件	3,770 KB
FPGA字模提取.exe	2019/5/10 10:44	应用程序	16,142 KB
tap-windows.exe	2021/2/22 14:30	应用程序	563 KB
波形数据生成器.exe	2019/6/3 17:09	应用程序	16,247 KB
示波器.exe	2018/6/26 12:36	应用程序	17,903 KB
同创_芯驿电子license申请模板 (单位名...	2021/2/23 13:58	Microsoft Word ...	18 KB

图 3.1.17　虚拟网卡安装界面 1

(2) 点击“Next”按钮(图 3.1.18)。

图 3.1.18 虚拟网卡安装界面 2

(3) 点击“I Agree”按钮(图 3.1.19)。

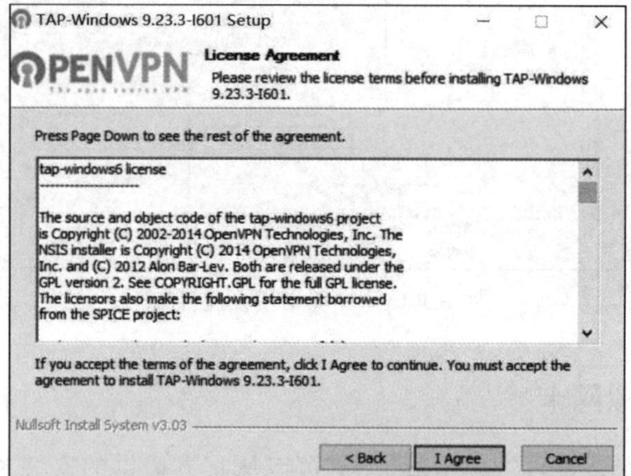

图 3.1.19 虚拟网卡安装界面 3

(4) 按钮选项默认即可,然后点击“Next”按钮(图 3.1.20)。

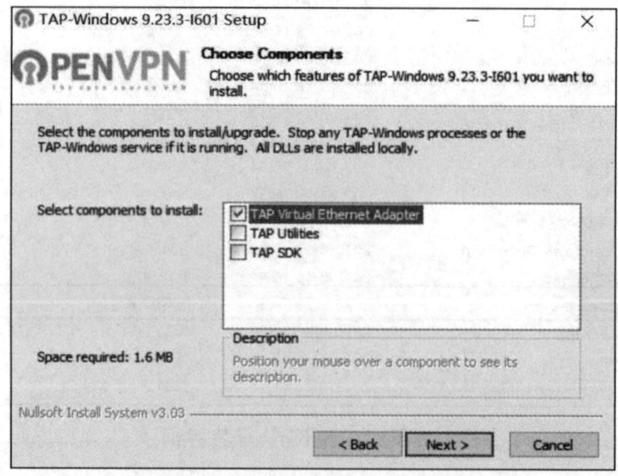

图 3.1.20 虚拟网卡安装界面 4

(5) 点击“Install”按钮(图 3.1.21)。

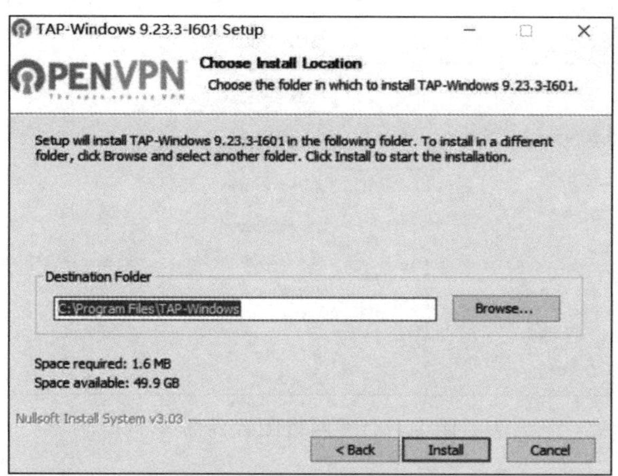

图 3.1.21 虚拟网卡安装界面 5

(6) 安装完成后,打开设备管理器,在网络适配器一栏可以看见“TAP-Windows Adapter V9”的虚拟网卡(图 3.1.22)。

图 3.1.22 虚拟网卡安装界面 6

3.1.4 设置 MAC 地址

(1) 点击“网络和 Internet 设置”(图 3.1.23)。

图 3.1.23 网络配置界面 1

(2) 跳转到如图 3.1.24 所示的界面,点击“更改适配器选项”。

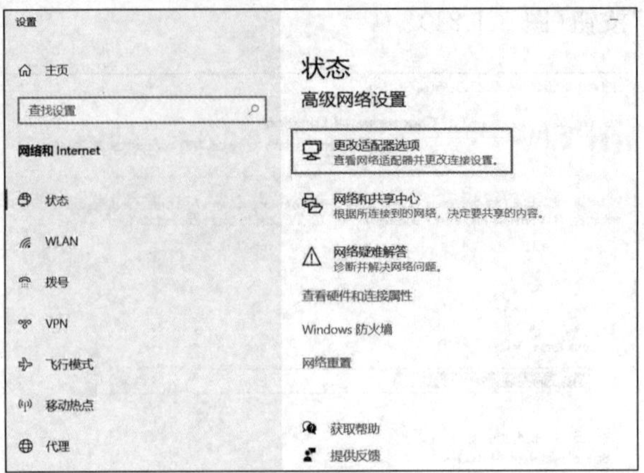

图 3.1.24　网络配置界面 2

(3) 找到“TAP-Windows Adapter V9”,并用鼠标右键点击,然后点击“属性”选项(图 3.1.25)。

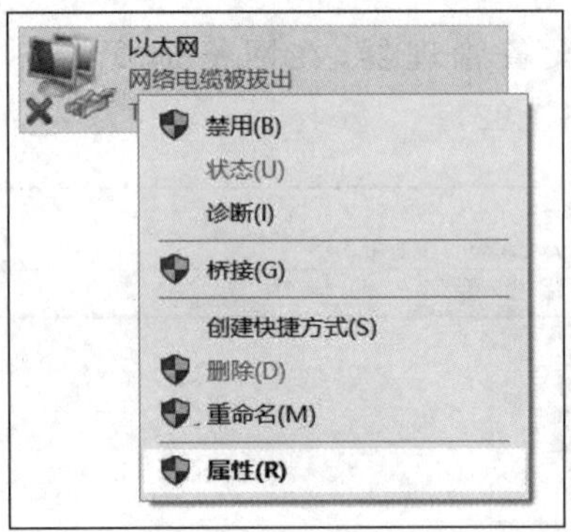

图 3.1.25　网络配置界面 3

(4) 点击“配置”按钮(图 3.1.26)。

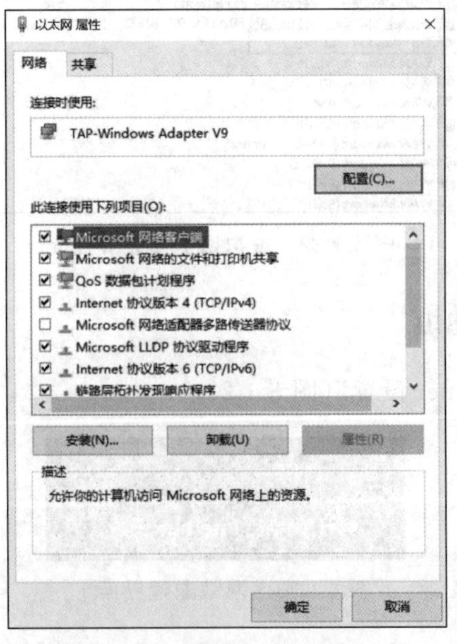

图 3.1.26　网络配置界面 4

(5) 点击“高级”按钮，选择“MAC Address”按钮，在图 3.1.27 的右边输入许可证的 MAC 地址。许可证中的 MAC 地址为“HOSTID=”后的值(图 3.1.28)。

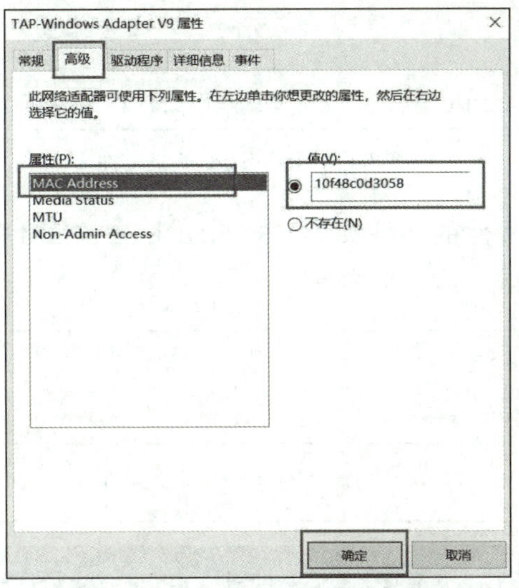

图 3.1.27　网络配置界面 5

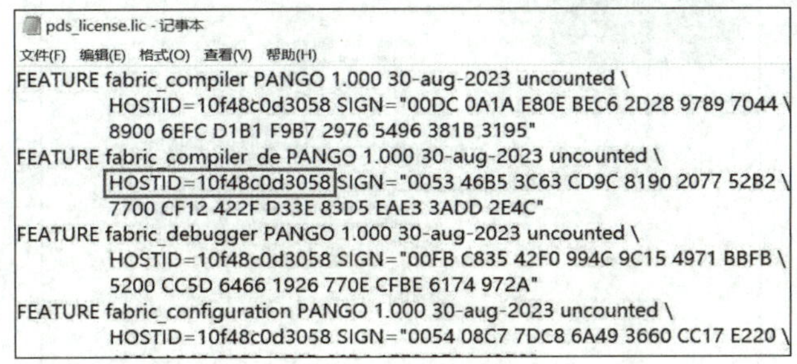

pds_license.lic - 记事本
文件(F)　编辑(E)　格式(O)　查看(V)　帮助(H)
FEATURE fabric_compiler PANGO 1.000 30-aug-2023 uncounted \
HOSTID=10f48c0d3058 SIGN="00DC 0A1A E80E BEC6 2D28 9789 7044 \
8900 6EFC D1B1 F9B7 2976 5496 381B 3195"
FEATURE fabric_compiler_de PANGO 1.000 30-aug-2023 uncounted \
HOSTID=10f48c0d3058 SIGN="0053 46B5 3C63 CD9C 8190 2077 52B2 \
7700 CF12 422F D33E 83D5 EAE3 3ADD 2E4C"
FEATURE fabric_debugger PANGO 1.000 30-aug-2023 uncounted \
HOSTID=10f48c0d3058 SIGN="00FB C835 42F0 994C 9C15 4971 BBFB \
5200 CC5D 6466 1926 770E CFBE 6174 972A"
FEATURE fabric_configuration PANGO 1.000 30-aug-2023 uncounted \
HOSTID=10f48c0d3058 SIGN="0054 08C7 7DC8 6A49 3660 CC17 E220 \

图 3.1.28　网络配置界面 6

(6) 点击“确定”按钮。

至此，License 关联成功，重启电脑后就可应用软件进行 PDS 的 FPGA 开发了。如果想要仿真，则需要安装 Modelsim 软件。

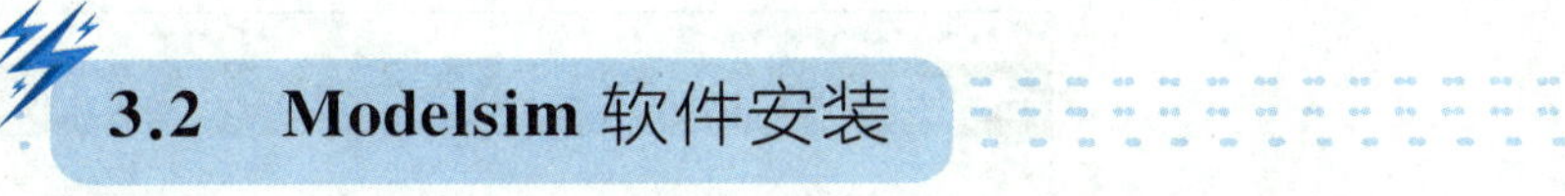

3.2　Modelsim 软件安装

Mentor 公司的 Modelsim 软件是业界最优秀的 HDL 语言仿真软件，可提供个性化图形界面和用户接口，编译仿真速度快，而且编译的代码与平台无关，是 FPGA/ASIC 设计的首选仿真软件。使用 Modelsim 仿真的主要目的是验证功能是否与设想的一致。仿真又分为功能仿真和时序仿真，其中功能仿真是不考虑芯片时间延迟的仿真方法，主要用来验证功能；时序仿真是考虑时间延迟的仿真方法。通过仿真可以考察在一定条件下软件能否满足设计需求。

3.2.1　安装步骤

(1) 准备安装文件。要求当前使用的电脑用户名不能出现中文或空格，否则安装后使用时有可能会出现莫名其妙的问题。由于目前的主流 FPGA 开发工具都是 64 位的，所以在提供的安装文件中选择 64 bit Modelsim 安装文件进行安装(图 3.2.1)。

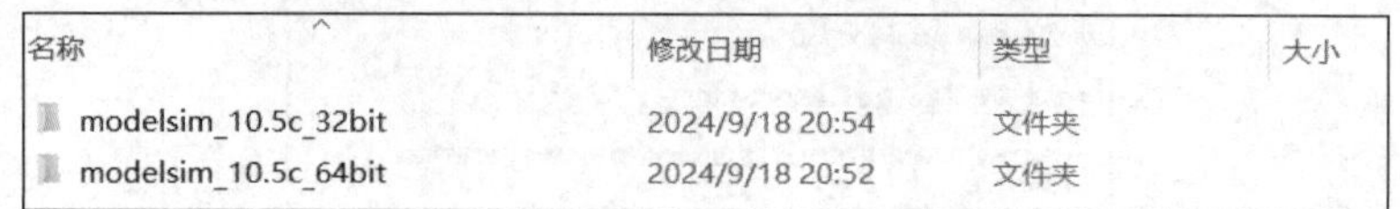

图 3.2.1　Modelsim 安装文件 1

(2) 打开 64 bit 安装文件的文件夹，双击“modelsim-win64-10.5-se.exe”(图 3.2.2)，出现图 3.2.3 所示的界面，点击“下一步”按钮。

图 3.2.2　Modelsim 安装文件 2

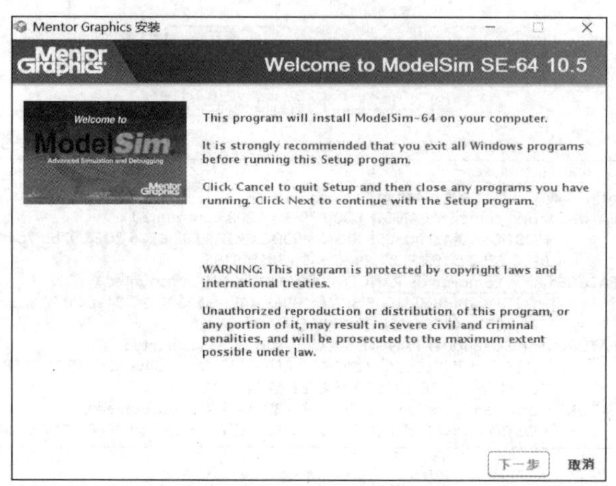

图 3.2.3　Modelsim 安装界面 1

(3) 选择安装路径，默认为“C:\modeltech64-10.5”，如果没有这个文件夹，软件会提示创建一个文件夹。注意路径不能出现中文或空格等非法字符。然后点击“下一步”按钮(图 3.2.4)。

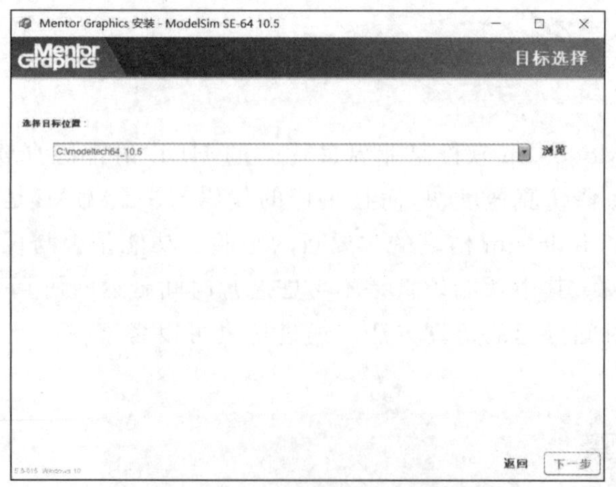

图 3.2.4　Modelsim 安装界面 2

(4) 出现许可同意界面如图 3.2.5 所示，点击“同意”按钮。

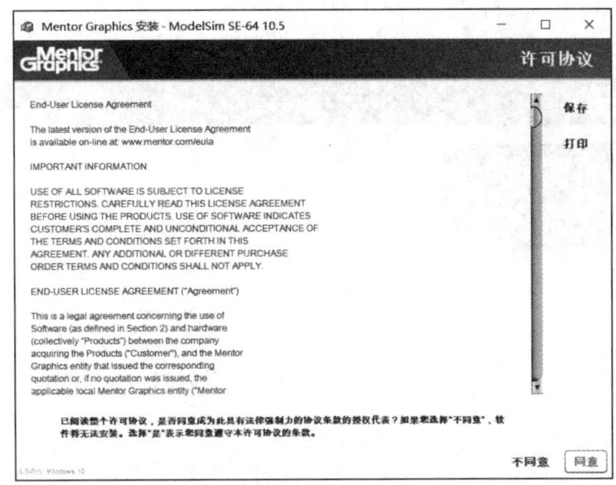

图 3.2.5　Modelsim 安装界面 3

(5) 点击“同意”后出现图 3.2.6 所示的安装界面，等待安装。

图 3.2.6　Modelsim 安装界面 4

(6) 安装硬件安全驱动，其中 demo 版可以不用安装硬件安全驱动，点击“否”即可(图 3.2.7)。

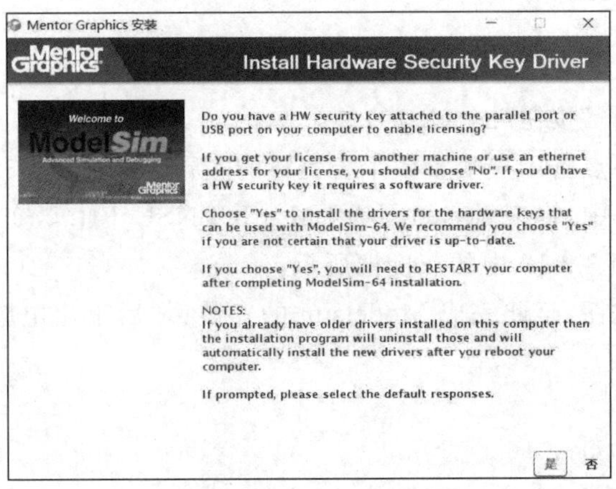

图 3.2.7　Modelsim 安装界面 5

(7) 点击“否”之后，完成安装，点击“完成”按钮(图 3.2.8)。

至此，完成了 Modelsim 软件的安装工作。

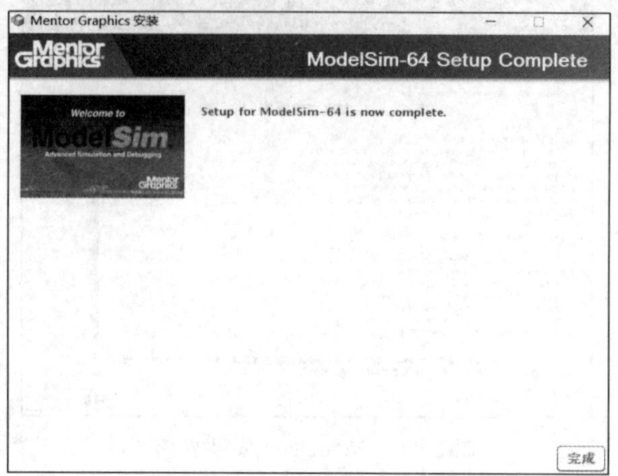

图 3.2.8 Modelsim 安装界面 6

3.2.2 设置环境变量

(1) 点开系统，打开“高级系统设置”(图 3.2.9)。

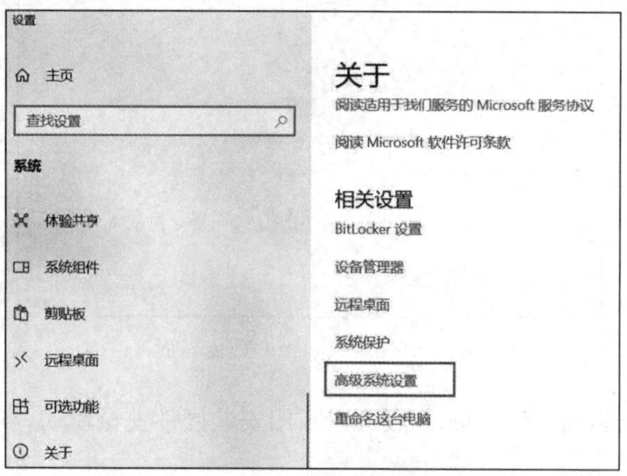

图 3.2.9 环境变量设置 1

(2) 点击“环境变量”按钮(图 3.2.10)。

(3) 在环境变量中点击用户变量或系统变量的“新建”按钮(图 3.2.11)。

(4) 在出现的窗口中，将变量名填写为 LM_LICENSE_FILE，变量值填写为 LICENSE.TXT 所在的路径，如图 3.2.12 中的灰度框所示。

(5) 点击“确定”按钮，至此完成 Modelsim 的安装，之后重启电脑，打开 Modelsim 即可使用。

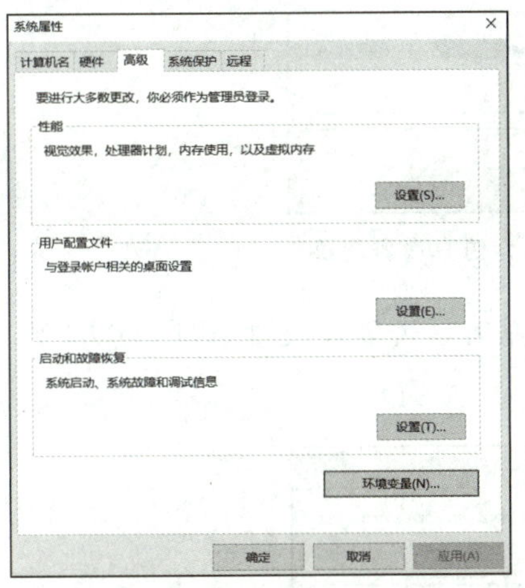

图 3.2.10　环境变量设置 2

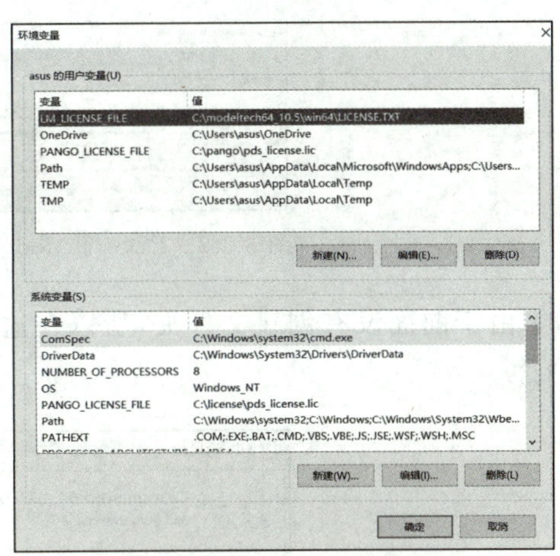

图 3.2.11　环境变量设置 3

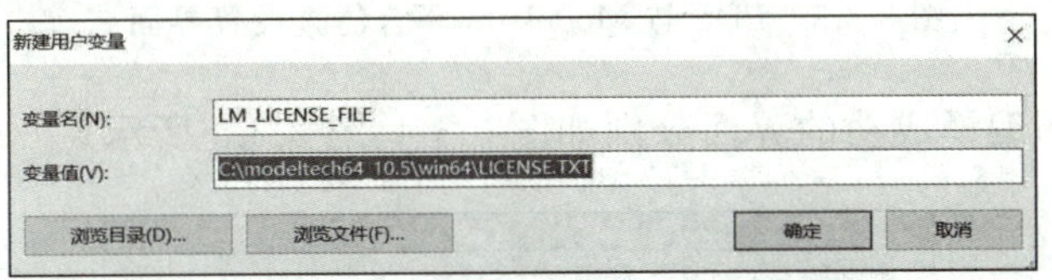

图 3.2.12　环境变量设置 3

3.3　PDS 与 Modelsim 联合仿真

为了在仿真时从 PDS 软件里自动调用 Modelsim 软件，实现 PDS 软件与 Modelsim 的联合仿真，需要在 PDS 软件里进行一些必要的设置，具体步骤如下：

(1) 仿真库编译。用户点击 PDS 软件的“tools”菜单下的“Compile Simulation Libraries”选项(图 3.3.1)。

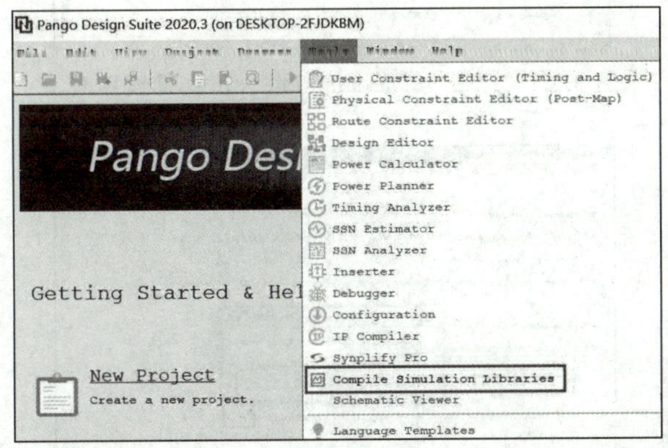

图 3.3.1　PDS 与 Modelsim 联合仿真设置界面 1

(2) 在弹出的界面中，按图 3.3.2 中所示的 Compiled Library Location 中的路径进行设置，把编译库 pango_sim_libraries 放在 C:/modeltech64_10.5 仿真软件文件夹下，点击“compile”按钮即开始编译。

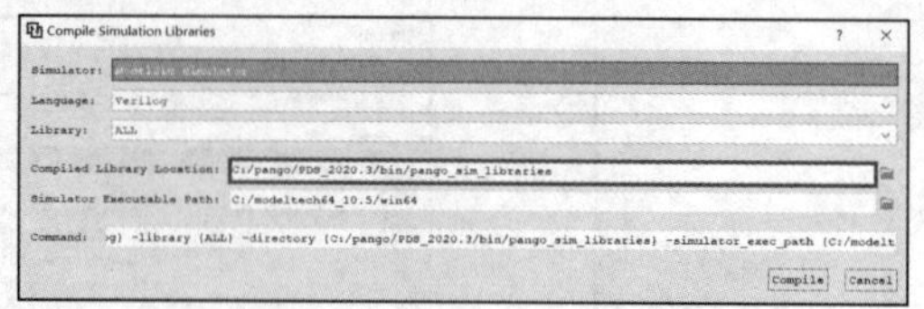

图 3.3.2　PDS 与 Modelsim 联合仿真设置界面 2

(3) 由于前面没有创建文件夹，所以在这里会弹出是否创建文件选项，点击“Yes”按钮(图 3.3.3)。

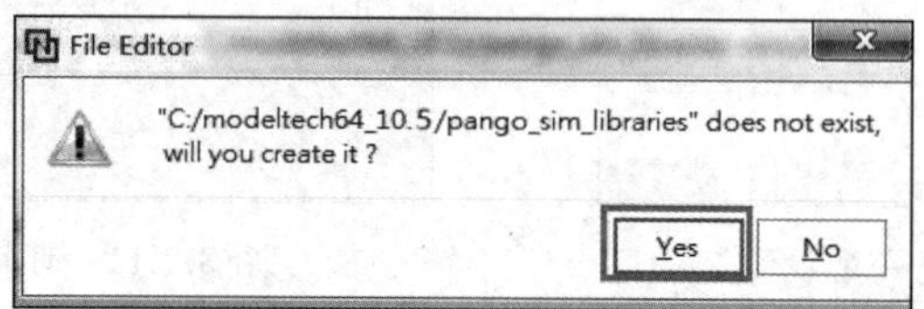

图 3.3.3　PDS 与 Modelsim 联合仿真设置界面 3

(4) 编译过程和编译成功的界面分别如图 3.3.4、图 3.3.5 所示。

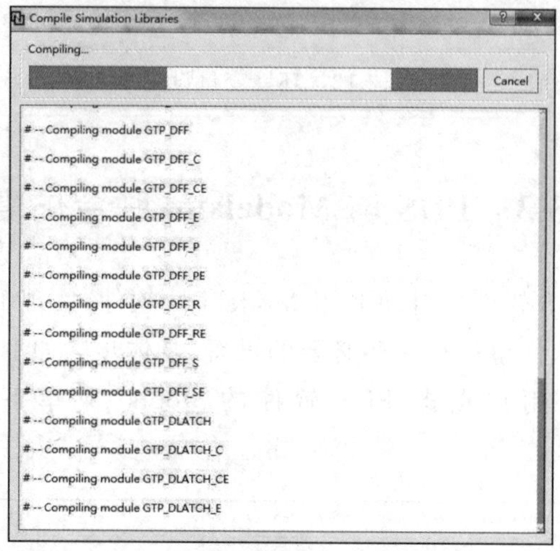

图 3.3.4　PDS 与 Modelsim 联合仿真设置界面 4

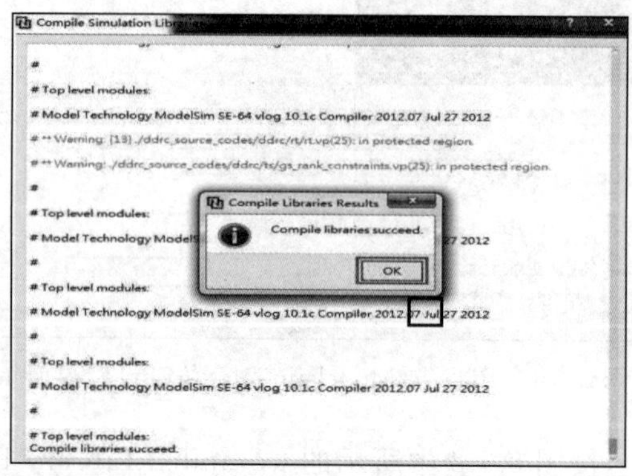

图 3.3.5　PDS 与 Modelsim 联合仿真设置界面 5

(5) 完成上述所有步骤后，PDS 软件与 ModelSim 就可以进行联合仿真了。

第 4 章　PDS 软件界面介绍

打开 PDS 软件后，PDS 主体界面如图 4.0.1 所示，由上到下主要分为标题栏、菜单栏、工具栏、工程控制区、报告区、控制台和状态栏 7 个部分。

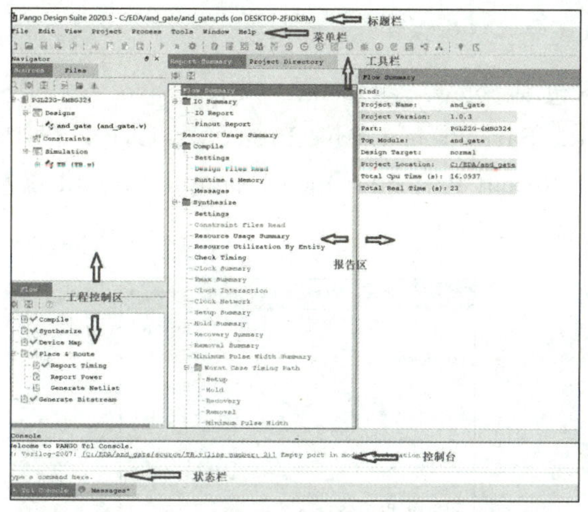

图 4.0.1　软件主体界面

标题栏：显示当前工程的名称和工程路径。

菜单栏：主要包括“文件【File】”“编辑【Edit】”“视图【View】”“工程【Project】”“操作【Process】”“工具【Tools】”“窗口【Window】”和“帮助【Help】” 8 个下拉菜单。它们的使用方法和常用的 Windows 软件类似。

工具栏：主要包含常用命令的快捷按钮。在工具栏中的快捷按钮在菜单栏中都可以找到。灵活运用工具栏可以极大地方便用户在软件中的操作。

工程控制区【Navigator】：本窗口是软件操作的主体部分，操作和 FPGA 设计流程紧密相关，包括设计输入、综合、设计实现和生成配置文件等基本功能。进行某个操作后，在处理步骤的前面会出现一个图标来表示该步骤的状态。工程管理区包括【Sources】和【Flow】两部分。【Sources】主要用来选择器件，添加测试向量以及约束文件等。【Flow】的相关操作与 Fabric 设计流程紧密相关，包括综合、Map、PnR 以及生成配置文件等。

报告区【Report Summary】：报告区主要显示软件运行过程中的一些关键信息，按照 action（功能）分类显示。

控制台【Console】：显示软件处理信息，如操作步骤信息、警告信息和错误信息等。在控制台左下角的 Tcl Console 子窗口中可以输入 tcl 命令，实现软件的命令行操作和脚本操作。在控制台左下角的另一个 Messages 子窗口中以树形结构显示 error，critical warning，warning，info 消息。在窗口顶部显示各类消息数目。在 errors，critical_warnings，warnings

和 infos 的复选框控制消息框中是否需要显示该类信息。Messages 窗口支持信息树的折叠和展开,以及对每一条 message 的搜索功能;Messages 窗口支持按按消息 ID(identifier)分组,即相同 ID 的消息以第一条为父节点,其余的为这个父节点的子节点,父节点需提供其子节点(消息)数目。

状态栏:显示相关命令和操作信息。

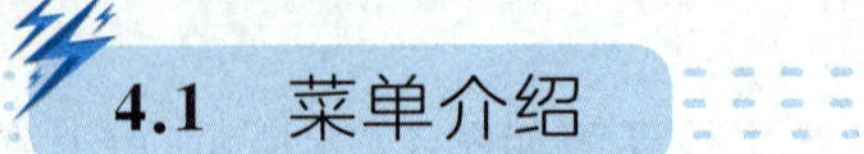

4.1 菜单介绍

PDS 所有的操作都可以通过菜单完成。下面简要介绍主要的菜单及相应的功能。

1) File 菜单

File 菜单的命令包括 New...,Open...,Save,Save As...,Save All,Close,New Project...,Open Project...,Save Project,Save Project As...,Export Project To Tcl,Archive Project...,Close Project,Recent Projects,Open Example Projet...以及 Exit。File 菜单如图 4.1.1 所示。

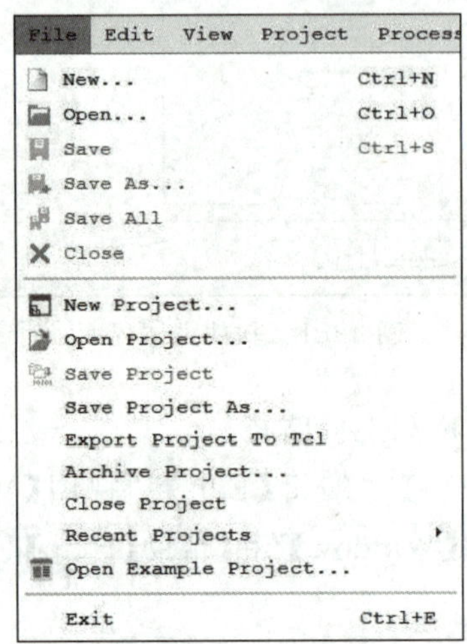

图 4.1.1　File 菜单

【New...】:新建源文件,快捷键为"Ctrl+N"。

【Open...】:打开 PDS 软件支持的文件格式的文件,快捷键为"Ctrl+O"。

【Save】:保存当前源文件,快捷键为"Ctrl+S"。

【Save As...】:将当前源文件另存。

【Save All】:用于保存所有当前打开的源文件。

【Close】:关闭当前文件。

【New Project...】:新建一个 PDS 工程。

【Open Project...】:打开已有的 PDS 工程。

【Save Project】:保存当前工程。

【Save Project As...】:将当前工程另存。

【Archive Project...】:将当前工程打包成一个压缩包。

【Open Example Projet...】:打开一个样例工程。

【Close Project】:关闭当前工程。

【Recent Projects】:打开最近操作的工程文件列表。

【Exit】:退出软件,快捷键为“Ctrl+E”。

2) Edit 菜单

Edit 菜单的命令包括 Cut,Copy,Paste,Find In Files 和 Preferences...。Edit 菜单如图 4.1.2 所示。

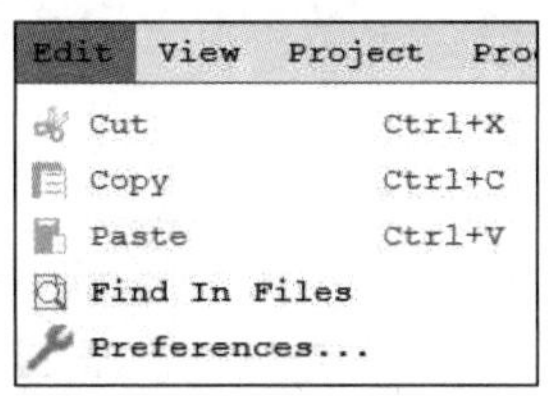

图 4.1.2　Edit 菜单

【Cut】:剪贴选中的代码,快捷键为“Ctrl+X”。

【Copy】:复制选中的代码,快捷键为“Ctrl+C”。

【Paste】:粘贴剪贴和复制的代码,快捷键为“Ctrl+V”。

【Find In Files】:在文件中查询搜索输入的关键字。

【Preferences...】:配置选项,如图 4.1.3 所示,可以设置 PDS 文本样式、一体化工具路径、License 授权等功能。

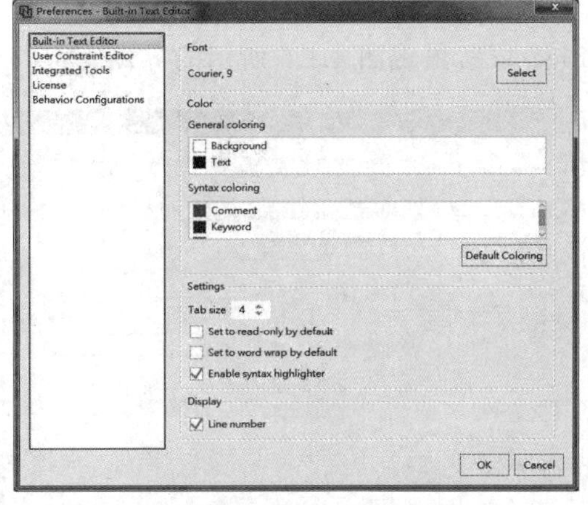

图 4.1.3　Prefecences 设置

例如,点击“User Constraint Editor”(UCE)后,将出现配置 UCE 界面,在此界面可以配置是全量解析整个网表还是仅解析顶层端口。UCE 网表解析配置如图 4.1.4 所示。

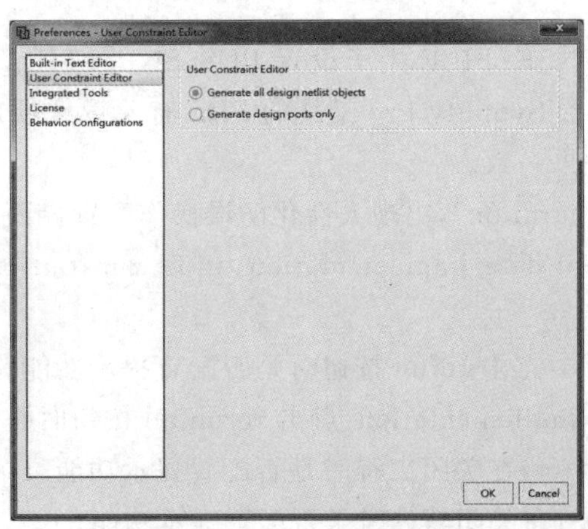

图 4.1.4　UCE 网表解析配置

点击“Integrated Tools”可编辑 Synplify Pro 的路径(仅配置 Synplify Pro 工具的 PDS 有此设置项)和第三方文本编辑器的路径,如图 4.1.5 所示。

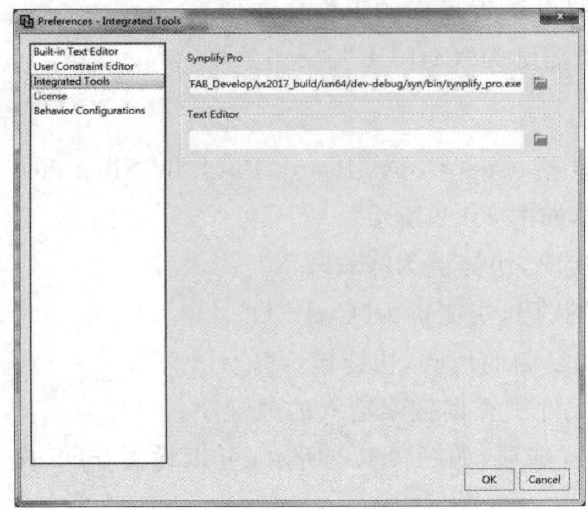

图 4.1.5 Integrated Tools 配置

在图 4.1.5 中,点击“License”,出现图 4.1.6 所示的界面。

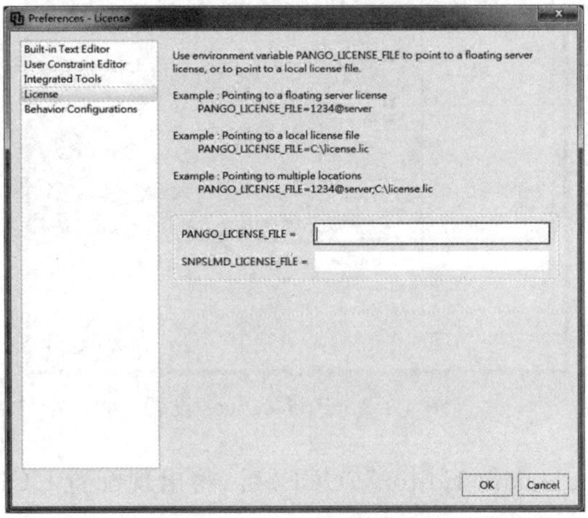

图 4.1.6 License 设置

其中,PANGO_LICENSE_FILE 用于设置 PDS,SNPSLMD_LICENSE_FILE 用于设置 Synplify License(仅配置 Synplify Pro 工具的 PDS 有此设置项)。这两项设置效果与在系统环境变量中的设置效果一致。

点击“Behavior Configuration”,出现人性化防误操作配置界面,可以进行以下设置:

Ask before run out-of-date implementation:出现 run out-of-date 时是否配置提示功能。

Rerun implementation:点击 rerun 按钮时是否配置提示功能。

Ask before rerun all implementation:点击 rerun all 按钮时是否配置提示功能。

Ask before close project:在关闭工程时是否配置提示功能。

Ask before close PDS:在关闭软件时是否配置提示功能。

Open recent project before starting PDS:启动 PDS 时是否打开最近的工程。

3）View 菜单

View 菜单的命令包括 Reset Window Layout，Navigator，Console，File Tool，Edit Tool，Process Tool，Widget Tool，Help Tool。从这些命令的名字上就可以看出它们的功能。勾选相关选项，在软件界面上就会有相应的图形显示。

View 菜单如图 4.1.7 所示。

4）Project 菜单

Project 菜单的命令包括 New IP，Add Source，Project Setting，Project Cleanup。Project 菜单如图 4.1.8 所示。

图 4.1.7　View 菜单

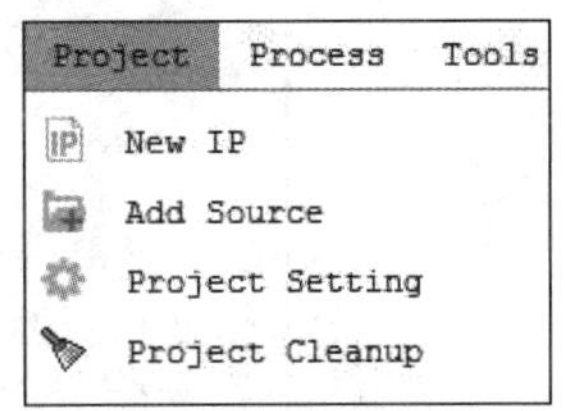

图 4.1.8　Project 菜单

【New IP】：新建一个 IP 到当前工程。

【Add Source】：为当前工程添加一个新的源文件。

【Project Setting】：设置当前工程选项。

【Project Cleanup】：清理工程运行流程生成的临时文件。

5）Process 菜单

Process 菜单的命令包括 Run，Rerun，Rerun All，Stop，Constraint Check 和 Run Simulation。Process 菜单如图 4.1.9 所示。

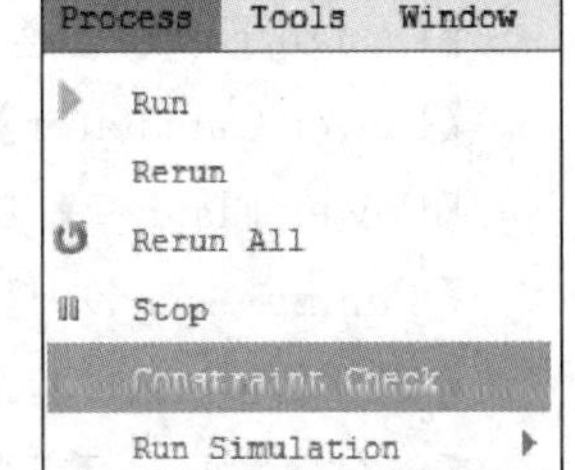

图 4.1.9　Process 菜单

【Run】：执行当前选中操作。

【Rerun】：重新执行当前选中操作之前的所有未执行过的操作（包括当前选中操作）。如果当前选中操作之前的操作是 out of date 的，则跳过该操作。

【Rerun All】：重新执行当前操作及其前序步骤的所有操作。

【Stop】：立即停止当前执行的操作。

【Constraint Check】：约束检查。该命令的功能是对添加至项目中的所有约束文件进行检查。如果需要对单个约束文件进行检查，则可以用右键单击项目中的约束文件。ADS（anlogic development suite）流程使用该功能，将生成约束检查报告（.ccr）；OEM（original equipment manufacturer）流程使用该功能，将生成约束检查报告（.rpt）。

【Run Simulation】：运行仿真。

6）Tools 菜单

Tools 菜单的命令包括 User Constraint Editor（Timing and Logic），Physical Constraint Editor

(Post-Map), Route Constraint Editor, Design Editor, Power Calculator, Power Planner, Timing Analyzer, SSN Estimator, SSN Analyzer, Inserter, Debugger, Configuration, IP Compiler, Synplify Pro, Compile Simulation Libraries, Schematic Viewer。

Tools 菜单如图 4.1.10 所示。

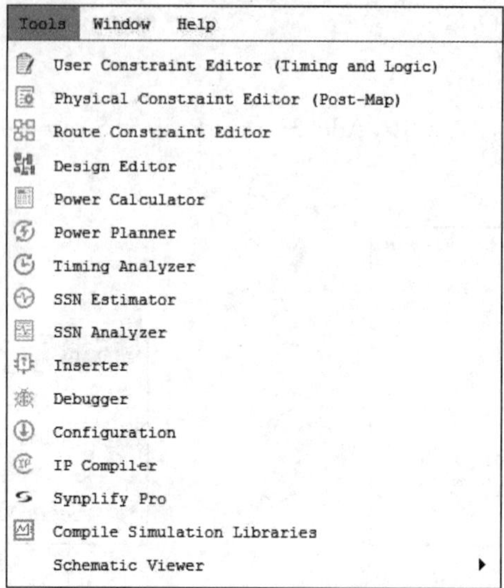

图 4.1.10 Tools 菜单

【User Constraint Editor(Timing and Logic)】:用户约束。

【Physical Constraint Editor(Post-Map)】:打开物理约束。

【Route Constraint Editor】:路由约束编辑器。

【Design Editor】:查看 PnR(place and route)结果或者进行手动 PnR。

【Power Calculator】:功耗分析。

【Power Planner】:功耗估算。

【Timing Analyzer】:时序分析工具。

【SSN Estimator】:同步噪声估算工具。

【SSN Analyzer】:同步噪声分析工具。

【Inserter】:Fabric Inserter 软件模块。

【Debugger】:FPGA 芯片调试软件模块。

【Configuration】:FPGA 芯片配置软件模块。

【IP Compiler】:IP 核编辑软件模块。

【Synplify Pro】:Synplify Pro 软件(仅配置 Synplify Pro 工具的 PDS 有此项)。

【Compile Simulation Libraries】:编译仿真库。

【Schematic Viewer】:包含两个菜单项,即 View RTL Schematic 和 View Technology Schematic。

7) Window 菜单

Window 菜单如图 4.1.11 所示。Window 菜单可用来控制软件是否全屏显示(Full Screen)。

8）**Help 菜单**

Help 菜单的命令包括 Help Topics,Show User Quick Start 和 About。Help 菜单如图 4.1.12 所示。

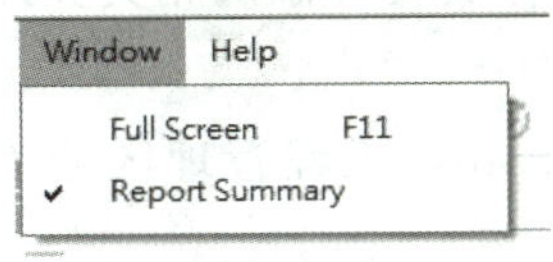

图 4.1.11　Window 菜单

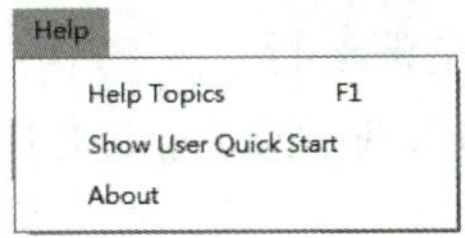

图 4.1.12　Help 菜单

【Help Topics】:显示 Help 助手。

【Show User Quick Start】:查看 PDS 用户手册。

【About】:显示 PDS About 信息。

4.2　工具介绍

工具栏为常用菜单栏的快捷方式，这里主要介绍 Language Templates 和 Report Summary 两个快捷方式,其他的请参考菜单栏的介绍。

1）**Language Templates**

Language Templates 能够快捷地找到一些常用的原语、tcl 命令、GTP(gigabit transceiver protocol)模板、约束模板等信息,也可以实现定义编辑操作,编辑界面支持“Ctrl＋C”复制操作,如图 4.2.1 所示。

图 4.2.1　Language Templates 界面

2）**Report Summary**

目前 PDS 的窗口大小有限,当文件打开过多时想要显示 Report Summary 需要一个个移动 tab,不是很方便,故需要添加 Report Summary 快捷方式,如图 4.2.2 所示。

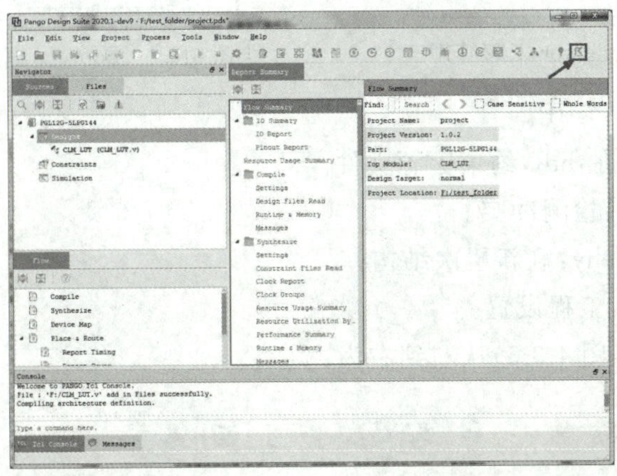
图 4.2.2　Report Summary 界面

4.3 工程管理

Navigator 工程管理区负责执行软件的工作操作流程和添加相关文件，可在工作操作流程名称上双击鼠标左键运行。

Navigator 工程管理区如图 4.3.1 所示。Navigator 工程管理区分为 Sources，Files 和 Flow 3 个部分。

1）Sources

Sources 窗口下的任务或执行体如下：

【PGL22G-6MBG324】：选择器件，目前支持的器件有 PGT30G，PGT180H，PGL22G，PGL22GS，PGL25G，PGL12G，PGC1KG，PGC1KL，PGC2KG，PGC2KL，PGC4KD，PGC4KL 和 PGC7KD。

【Designs】：选择添加 Verilog 或者 VHDL 两种格式的文件。

【Constraints】：加入逻辑约束文件(时序约束等)。

【Simulation】：选择添加 Test bench 文件

Sources 窗口的右键菜单(图 4.3.2)如下：

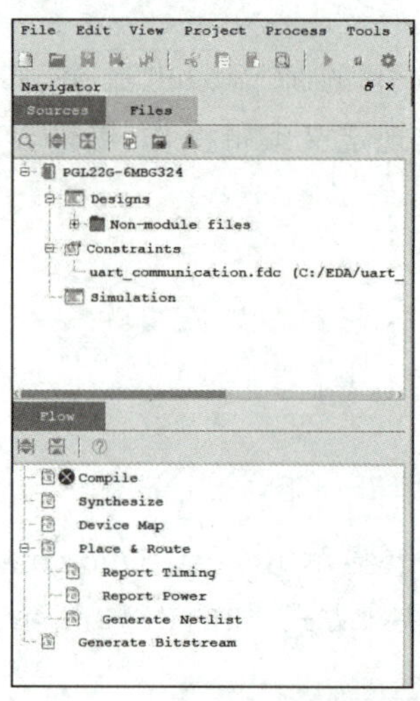

图 4.3.1　Navigator 工程管理区

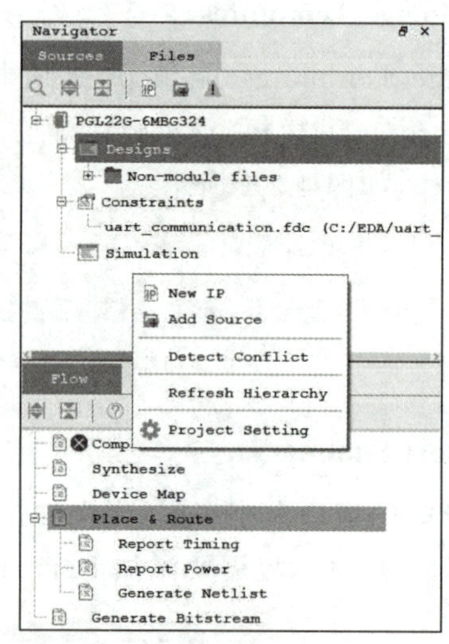

图 4.3.2　Sources 窗口右键菜单

① New IP：新建一个 IP。

② Add Source：添加 hdl，约束等源文件。

③ Detect Conflict：检测冲突。

④ Refresh Hierarchy：刷新层次结构。

⑤ Project setting：工程设置。

Sources 区工具栏(图 4.3.3)从左到右为：

图 4.3.3　Sources 区工具栏

① 查找功能：可根据文件名或 Module 名搜索。

② 展开功能：将 Sources 界面的层次结构全部展开。

③ 折叠功能：将 Sources 界面的层次结构全部折叠。

④ 新建 IP 功能：新建一个 IP。

⑤ 添加 Source 功能：添加各类型源文件。

⑥ Missing File 功能：显示没有定义的 Module。

2）Files

Files 窗口（图 4.3.4）下的任务或执行体如下：

【Designs】：选择添加 Verilog 或者 VHDL 两种格式的文件。

【Constraints】：加入逻辑约束文件（时序约束等）。

【Simulation】：选择添加 Test bench 文件。

Files 窗口下的工具栏除后面两个任务用于设置 Compile order 外，其余的和 Sources 窗口的工具栏功能完全一致。

Files 窗口的右键菜单（图 4.3.5）如下：

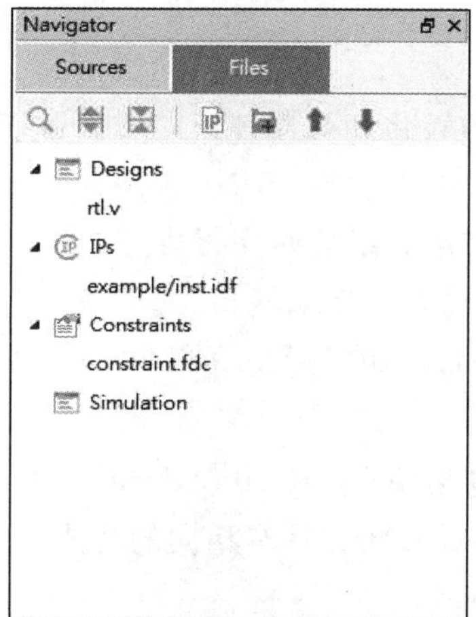

图 4.3.4　Files 工程管理区

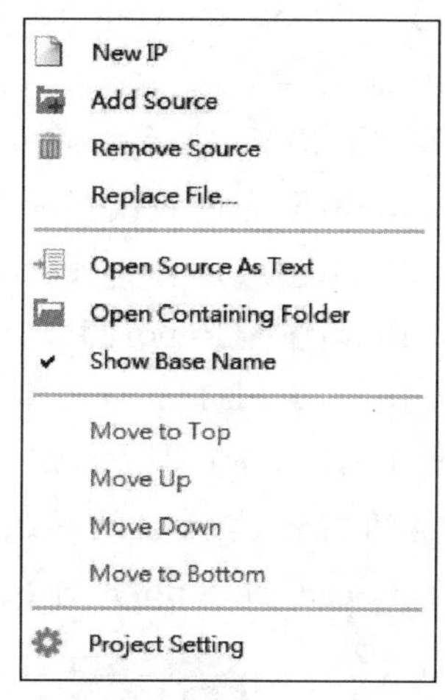

图 4.3.5　Files 右键菜单

① New IP：新建一个 IP。

② Add Source：添加 hdl，约束等源文件。

③ Remove Source：移除所选的源文件。

④ Replace File...：替换源文件。

⑤ Open Source As Text：以文本方式打开源文件。

⑥ Open Containing Folder：打开源文件所在文件夹。

⑦ Show Base Name：仅显示文件名，不勾选则显示文件路径。

⑧ Move to Top：将 hdl 文件移动到所有源文件的顶部。

⑨ Move to Bottom：将 hdl 文件移动到所有源文件的底部。

⑩ Move Up：将 hdl 文件在所有源文件中上移。

⑪ Move Down：将 hdl 文件在所有源文件中下移。

⑫ Project Setting：工程设置。

3) Flow

Flow 窗口(图 4.3.6)下的任务或执行体如下:

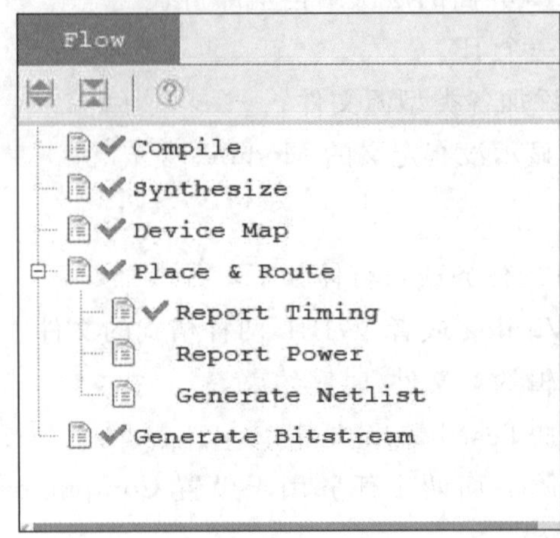

图 4.3.6 Flow 窗口

【Compile】:生成 Source code RTL 网表。

【Synthesize】:综合。

【Device Map】:映射,进行 Design 网表文件的转化和与器件资源的映射工作。

【Place & Route】:布局布线。

【Place & Route】→【Report Timing】:生成布局布线后时序报告。

【Place & Route】→【Report Power】:生成布局布线后功耗报告。

【Place & Route】→【Generate Netlist】:生成布局布线后仿真报告。

【Generate Bitstream】:生成位流文件。

Flow 窗口的右键菜单如图 4.3.7 所示,包括 Run,Rerun,Rerun All,Stop,Project Setting,Select a Seed To Apply,与 Process 菜单对应部分具有相同的功能。

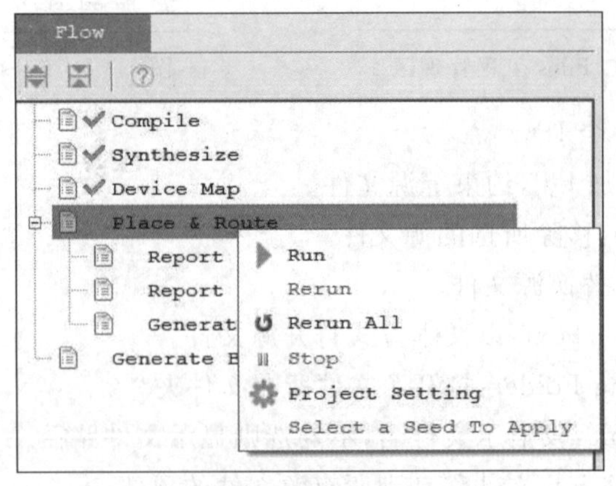

图 4.3.7 Flow 窗口右键菜单

在工程管理区中可以通过使用鼠标左键双击来执行某个操作,亦可先选中某个功能,然后用鼠标右键选择【Run】或【Rerun】命令来执行此操作。可以选择【Rerun All】命令来重新执行该操作之前的所有操作(包括该操作),或在程序运行时选择【Stop】命令来停止该操作的执行。

Flow 上方菜单中可以显示 Out of Date 信息，点击后可以查看具体的 Flow 状态为 Out of Date 的原因，如图 4.3.8 和图 4.3.9 所示。

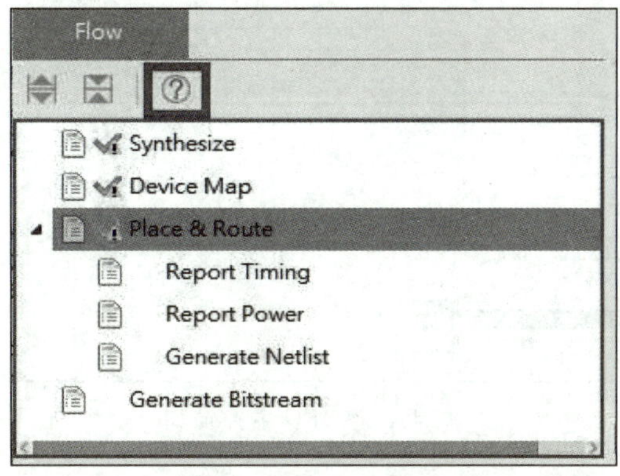

图 4.3.8　过时按钮变亮

图 4.3.9　过时信息

4.4　IP Compiler 功能介绍

4.4.1　简介

1）功能介绍

本节主要介绍 IP Compiler（简称 IPC）的各项功能、使用方法。IP Compiler 是 FPGA 工具包中的 IP 模块生成器，这个生成器是参数化的，可以由用户设定各种参数。IPC 的使用者需要理解 IP 模型及其实例化的概念。IP 模型（IP model）是 FPGA 厂商或第三方 IP 厂商提供的描述一个 IP 行为的参数化的模板，IP 实例（IP instance）则是使用者对某个 IP 模型应用一组特定的参数后产生的结果。IPC 中包含一些预置的 IP 模型，并且可以管理各个 IP 实例。

2）IPC 的启动。

IPC 可以单独启动，也可以从 Pango Design Suite 中打开，方法是点击菜单项 Tools→IP Compiler 或者直接点击工具栏中的 IP Compiler 按钮。

4.4.2　主控窗口

IPC 的主要使用界面包括主控窗口和配置窗口。这里主要介绍主控窗口，如图 4.4.1 所示。IPC 主控窗口是管理和使用 IP 模型及其实例的界面，主要由导航区域、工作区域和信息区域组成。

图 4.4.1　IPC 主控窗口

1）导航区域

导航区域通常位于主控窗口的左侧，可以通过菜单项 View→Navigator 来打开或隐藏。导航区域有两个页面，可以分别显示 IP 模型和 IP 实例。点击菜单项 View→Refresh 或工具栏按钮可以刷新所有的 IP 模型和实例。

（1）浏览 IP 模型。

IPC 在启动后会自动装载 IP 模型。IP 模型通常保存在安装路径下的 ip 子目录中。选择 Catalog 页面可以显示所有已装载的 IP 模型。浏览时可以选择根据功能或名称排序两种查看模式。当选择 View by Function 时，导航区域显示为一个按照分类组成的树状结构（图 4.4.2a），其中图标表示一个（子）分类（这些分类是由 IP 厂商定义的），表示一个 IP 模型，表示一个需要 license 的 IP 模型；当选择 View by Name 时，导航区域则显示为一个表格结构（图 4.2.2b），可以按照名称、版本等进行排序。在两种模式下都可以选中一个 IP 模型，此时其内容会填充到右侧的工作区域。

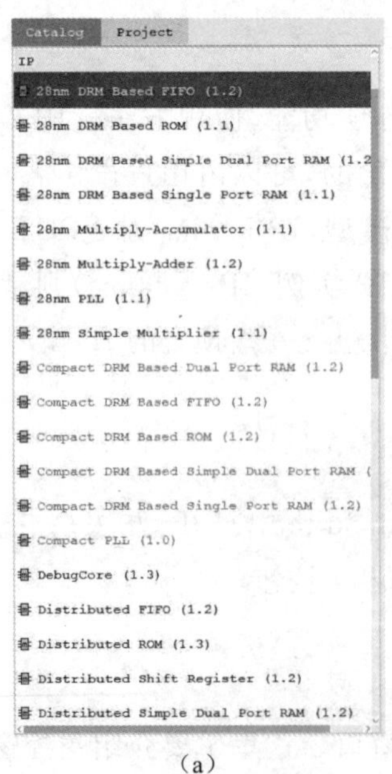

（a）

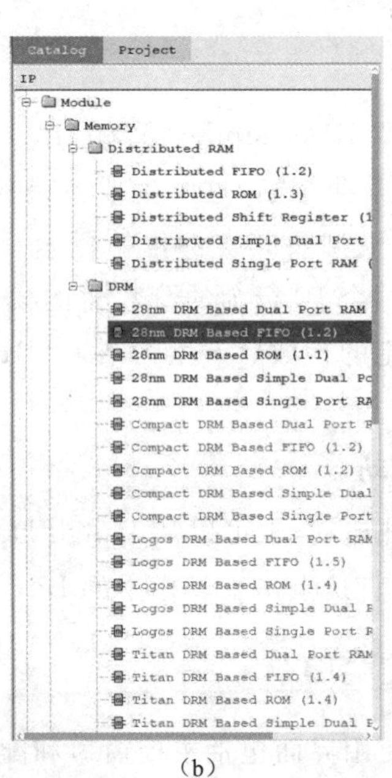

（b）

图 4.4.2　浏览 IP 模型

两种显示模式可以互相切换。在 View by Function 模式下，点击鼠标右键会出现 View by Name 菜单项(图 4.4.3)；在 View by Name 模式下，点击鼠标右键则会出现 View by Function 菜单项。

Preview
View Datasheet
Supported Devices
Properties
Collapse All
Expand All
View by Name

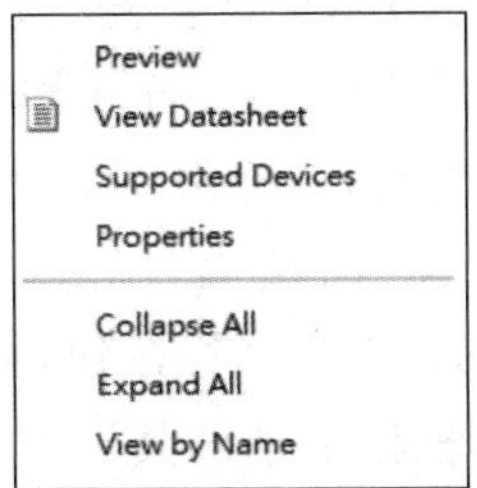

图 4.4.3　Catalog 页面的快捷菜单

【Preview】：预览选中 IP 模型的配置状态。

【View Datasheet】：查看选中 IP 模型的数据表文档。等同于菜单项 Project→View Datasheet 或工具栏按钮。

【Supported Devices】：查看选中 IP 模型所支持的器件(图 4.4.4)。

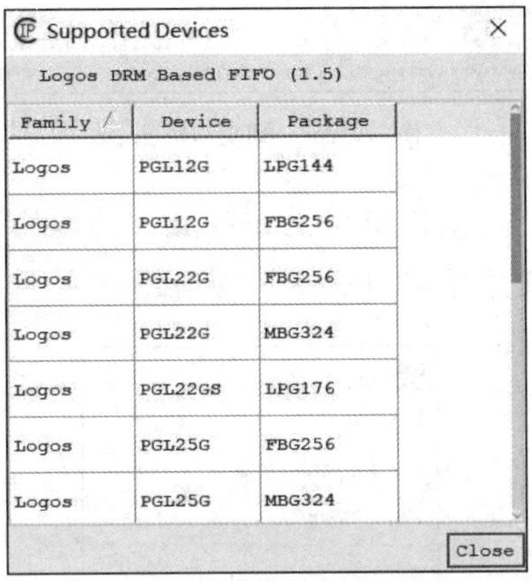

Supported Devices
Logos DRM Based FIFO (1.5)
Family
Device
Package
Logos PGL12G LPG144
Logos PGL12G FBG256
Logos PGL22G FBG256
Logos PGL22G MBG324
Logos PGL22GS LPG176
Logos PGL25G FBG256
Logos PGL25G MBG324
Close

图 4.4.4　IP 模型所支持器件

【Properties】：查看选中 IP 模型的基本属性(图 4.4.5)。

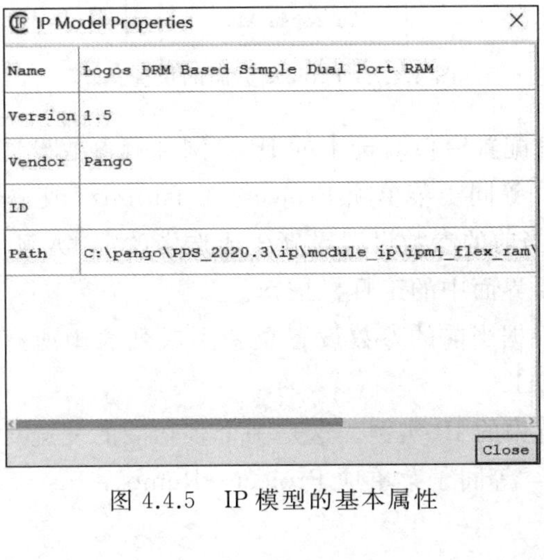

IP Model Properties
Name Logos DRM Based Simple Dual Port RAM
Version 1.5
Vendor Pango
ID
Path C:\pango\PDS_2020.3\ip\module_ip\ipml_flex_ram\
Close

图 4.4.5　IP 模型的基本属性

【Collapse All】:在 View by Function 模式下收起展开的所有树状子项。

【Expand All】:在 View by Function 模式下展开所有的树状子项。

(2) 浏览 IP 实例。

IPC 在启动后会自动装载上次打开的 IP 实例,或者指定项目路径下的所有 IP 实例。不过使用者仍可以手动导入已存在的 IP 实例:导入单个的 IP 实例时,可以先点击菜单项 Project→Import Instance 或工具栏按钮,会弹出一个文件选择对话框,然后选择一个 IP 实例的索引文件或者一个 PDS 的工程文件;搜索并导入多个 IP 实例时,可以先点击菜单项 Project→Search and Import Instances 或工具栏按钮,此时会弹出一个路径选择对话框,然后选择一个路径,确定后可以自动搜索并导入其及其下所有子目录中的 IP 实例。选择 Project 页面可以显示所有已装载的 IP 实例。导航区域显示为一个表格结构(图 4.4.6),可以按照名称、版本、最后生成时间等进行排序。

Catalog | Project

Name	Description	Time	Path
a_fifo	Distributed FIFO (1.2)	2019-12-16 16:59	D:\y
a_fifo.v		2019-12-16 16:59	D:\y
a_fifo_tmpl.v	Instantiation Template	2019-12-16 16:59	D:\y
a_fifo_tmpl.vhdl	Instantiation Template	2019-12-16 16:59	D:\y
generate.log	Generate Log	2019-12-16 16:59	D:\y
ipm_distributed_fifo_ctr_v1_0.v		2019-06-26 05:29	D:\y
ipm_distributed_fifo_v1_2_a_fifo.v		2019-12-16 16:59	D:\y
ipm_distributed_sdpram_v1_2_a_fifo.v		2019-12-16 16:59	D:\y

图 4.4.6　浏览 IP 实例

可以选中一个 IP 实例,此时主控窗口工作区域中的内容会随之发生变化。在页面中点击鼠标右键可以弹出一个快捷菜单,如图 4.4.7 所示。

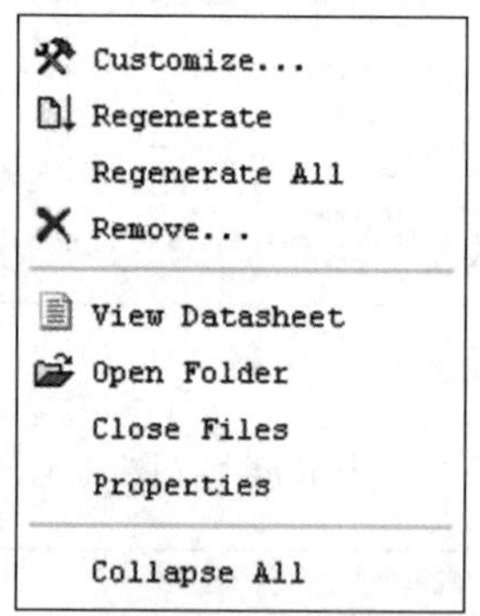

图 4.4.7　Project 页面的快捷菜单

【Customize...】:打开配置窗口对选中的 IP 实例进行参数设置,也可以直接双击一个 IP 实例项进行同样的操作。等同于菜单项 Project→Customize 或工具栏按钮。

【Regenerate】:根据当前的参数设置重新生成选中的 IP 实例。等同于菜单项 Project→Regenerate 或 Customize 界面中的工具栏按钮。

【Regenerate All】:根据当前的参数设置重新生成列表中所有的 IP 实例。等同于菜单项 Project→Regenerate All。

【Remove...】:删除选中的 IP 实例。这是一个多功能的复选对话框,可以选择是否从磁盘上彻底清除(图 4.4.8)。等同于菜单项 Project→Remove Instance 或工具栏按钮。

Remove Instance
Not Remove (0/3)
a_ll
a_fifo
abc
»
«
» All
« All
Remove (0/1)
myfifo
Select
Match case
Select
Delete from disk
OK
Cancel

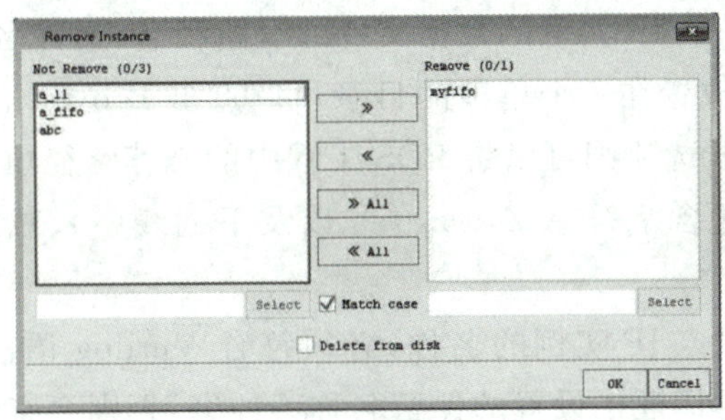

图 4.4.8　删除 IP 实例

【View Datasheet】:查看选中 IP 模型的数据表,通常为一个 PDF 格式的文档。等同于菜单项 Project→View Datasheet 或工具栏按钮。

【Open Folder】:在系统自带的资源管理器中打开 IP 实例所在的文件夹。

【Close Files】:将本实例下已打开的文件都关闭。

【Properties】:查看选中 IP 实例的基本属性,会弹出一个对话框(图 4.4.9)。

【Collapse All】:收起展开的所有树状子项。

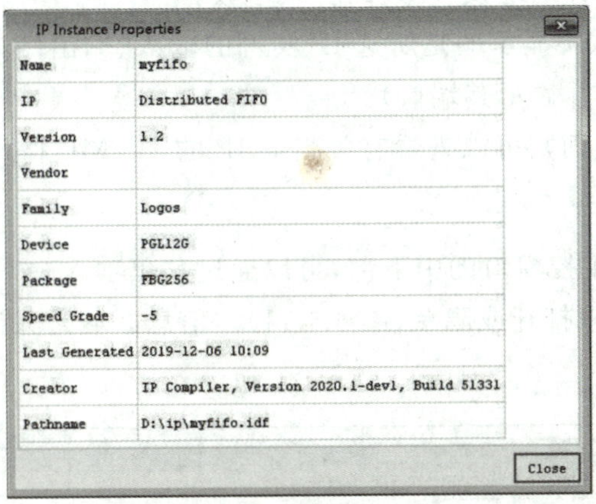

IP Instance Properties
Name
myfifo
IP
Distributed FIFO
Version
1.2
Vendor
Family
Logos
Device
PGL12G
Package
FBG256
Speed Grade
-5
Last Generated
2019-12-06 10:09
Creator
IP Compiler, Version 2020.1-devl, Build 51331
Pathname
D:\ip\myfifo.idf
Close

图 4.4.9　IP 实例的基本属性

2）工作区域

工作区域通常位于主控窗口的中上部。如果在导航区域中选择了一个 IP 模型或实例,则其对应的内容会在工作区域中显示出来。工作区域有两个页面,可以配置一个 IP 实例和显示 IP 模型的信息。工作区域的最主要功能是在 Configuration 页面配置一个 IP 实例(图 4.4.10)。

Pathname
C:\EDA\and_gate\ipcore\wer\wer.idf
Browse...
Proj Path
Instance Name
wer
Customize
IP
Name
Distributed Shift Register
Version
1.2
Vendor
Pango
Information
Part
Family
Logos
Device
PGL22G
Package
MBG324
Speed Grade
-6
Reset
Symbol
din[3:0]
clk
rst
dout[3:0]

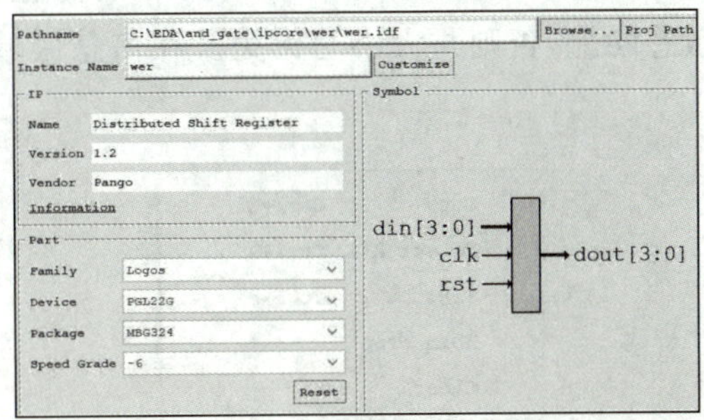

图 4.4.10　主控窗口的工作区域

【Pathname】:指定一个IP实例的数据文件的全路径名,文件名通常以.idf为后缀,以便于识别。IP实例通常会放置在一个单独的目录中。点击Browse...选项可以自由选择一个文件路径;点击Proj Path选项则可以将PDS工程中的推荐路径填充进来,还可以手动输入路径。路径名中仅允许包含字符A-Z,a-z,0-9,以及下划线(_)、减号(—)、句点(.)、空格和@等。

【Instance Name】:输入IP实例的名称,必须符合Verilog语法中对module名称的限制,并且与Preferences对话框中设置的保留名称不冲突,否则会有错误警告,从而不能继续配置操作。在点击Browse...或Proj Path按钮来设置Pathname的内容后,再输入名称时可以自动补全路径名;如果手动修改了Pathname的内容,则会暂时停止自动补全。名称中仅允许包含字符A-Z,a-z,0-9及下划线(_)等。

【IP】:在该区域中显示了所选IP模型的名称、版本和发行商等信息。

【Part】:在该区域中可以选择FPGA器件的家族、型号、封装类型和速度等级;点击Reset按钮可恢复为缺省的器件设置。

在输入以上相应信息后,点击Customize按钮则开始配置工作:在磁盘上生成IP实例的空间,并打开配置窗口详细地设置IP的各项参数。

【Symbol】:在该区域中显示的是所选IP实例的输入、输出端口的情况(新建IP实例时会自动选中新建IP实例并显示其端口)。

点击Information页面则可以查看有关当前IP的HTML格式的介绍性信息。

3) 信息区域

信息区域通常位于主控窗口的中下部,可以通过菜单项View→Message或菜单栏右键菜单中的Message选项来打开或隐藏(图4.4.11)。信息区域是只读的,即它只能显示信息,而不能用于输入命令行。

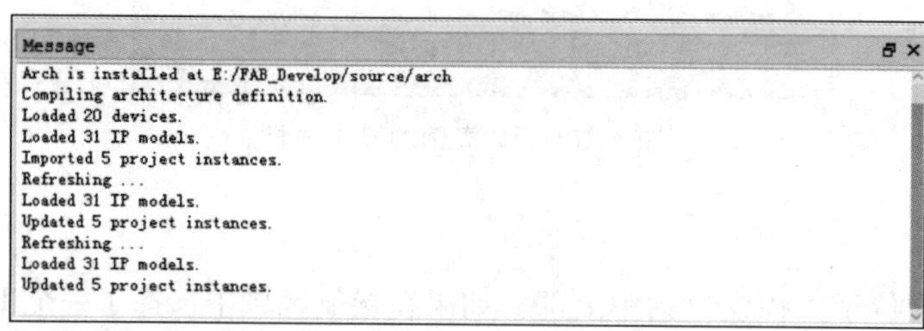

图4.4.11 主控窗口的信息区域

可以在Find区域中输入字符串,再点击向前或向后按钮查找信息内容。勾选Case Sensitive表示按大小写敏感匹配,否则与大小写无关。在信息区域中点击鼠标右键可以弹出一个快捷菜单(图4.4.12)。

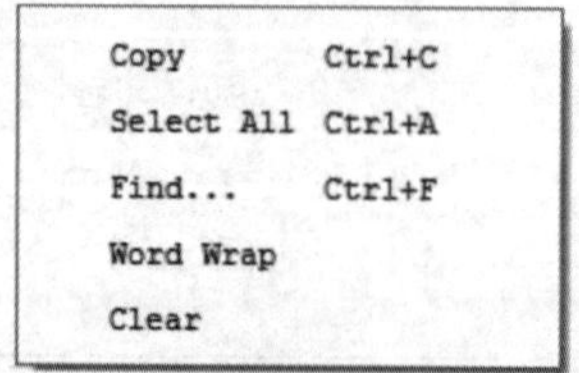

图4.4.12 信息区域的快捷菜单

【Copy】:复制选中的文字到剪贴板中。

【Select All】:选中所有的信息文字。

【Find...】:在 Message 界面下搜索相匹配的信息。

【Word Wrap】:当窗口较小不能显示全部信息时,自动换行显示全部信息。

【Clear】:清除所有信息。

4）使用流程的控制

IP 的配置流程主要包括配置实例参数、重新生成实例、停止重新生成等。这些控制位于主控窗口的菜单项和工具栏(图 4.4.13),也可以在导航区域和工作区域中通过快捷菜单或按钮来操作。

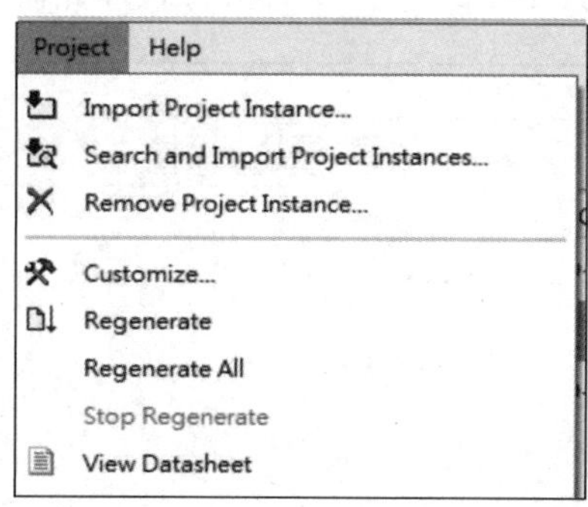

图 4.4.13　流程控制的相关菜单项

【Stop Regenerate】:停止重新生成 IP 实例,主要针对 Regenerate All 操作,不再重新生成后续的 IP 实例,当前正在运行的实例也立刻中止。

5）选项的设置

通过菜单项 File→Preferences 可以打开一个选项对话框,通过它可以对 IP Compiler 进行一些全局性的设置。图 4.4.14 显示的是 IP 实例配置过程的一些设置。

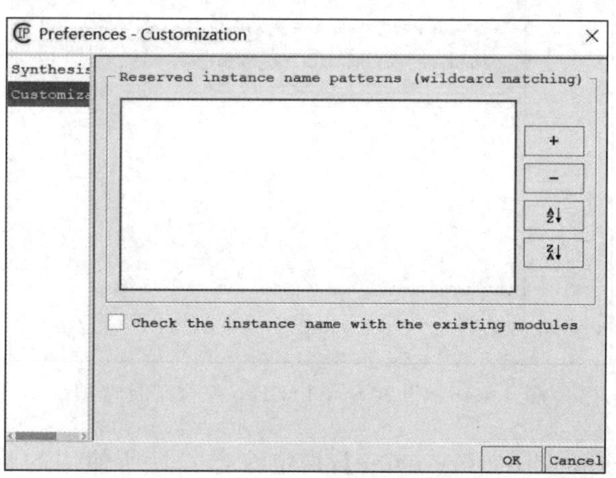

图 4.4.14　设置配置选项

【Reserved instance name patterns】:指定保留的 IP 实例名,可以使用通配符规则。这些保留的名称不能用于工作区域的 Instance Name,否则会报警告从而不能进行配置。

【Check the instance name with the existing modules】:检查工作区域中输入的 IP 实例名是否与模型中已定义的模块有冲突,缺省为不检查。这个冲突检查是保护性的,主要是为了防止在生成 IP 实例的顶层模块时发生错误。如果所使用的 IP 模型是加密的,则本检查可能是不完全的。

图 4.4.15 显示的是对综合工具的一些设置。

【Synthesis Tool】:指定在生成 IP 实例时所调用的综合工具。目前支持的综合工具包括 ADS 和 Synplify Pro(仅配置 Synplify Pro 工具的 IPC 有此项)等。如果选择 None,则会关闭生成过程中的综合功能。下面以综合工具 Synplify Pro 为例介绍相关参数的设置(图 4.4.16)。

【Tool path】:指定综合工具 Synplify Pro 的执行程序路径。

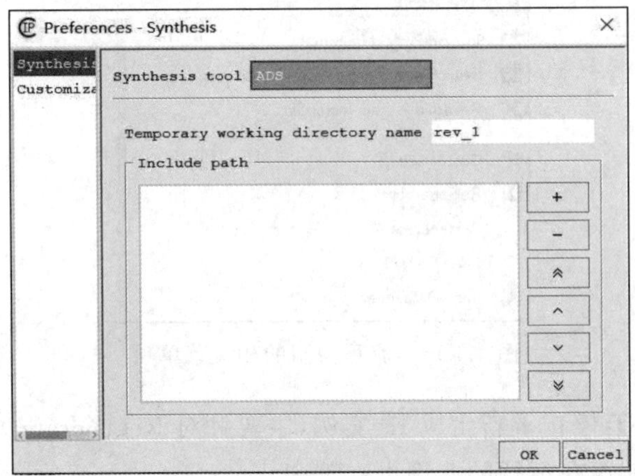

图 4.4.15　设置 ADS 综合工具选项

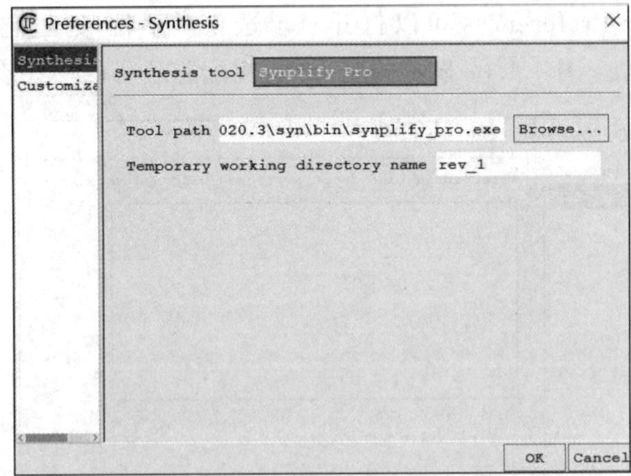

图 4.4.16　设置 Synplify Pro 综合工具选项

【Temporary working directory name】:指定综合工具所使用的临时工作目录的名称。这个临时目录位于 IP 实例所在的路径下,缺省为 rev_1。

6) IP 模型的更新

用户可以从 IP 开发商处获得新的 IP 模型或者原有 IP 模型的升级版本。在 IP Compiler 主窗口中点击 File→Update 打开更新对话框,可以将 IP 升级包装载进来进行查看(图 4.4.17)。不可用的 IP 包会用浅灰色表示出来。不可用指的是与当前软件工具不兼容,或者比当前已安装的 IP 模块版本更老旧。注意,不可用并不代表 IP 包本身是错误的。

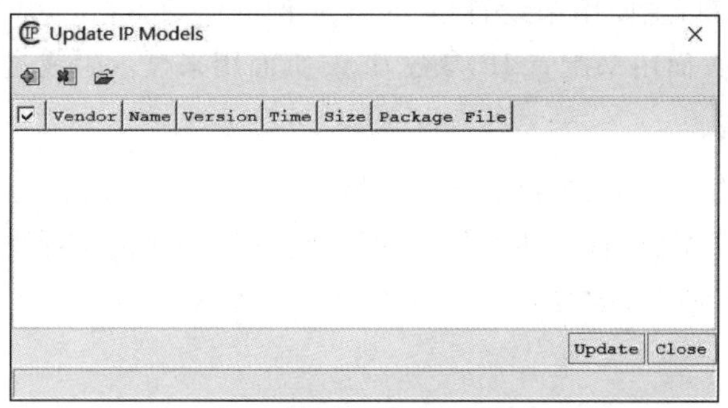

图 4.4.17　更新 IP 模型的对话框

【Update】:点击按钮“Update”开始更新勾选的 IP 模块。如果在安装路径下发现其他已存在的 IP 索引文件,则会弹出警告对话框(图 4.4.18),用户可以选择是否覆盖。

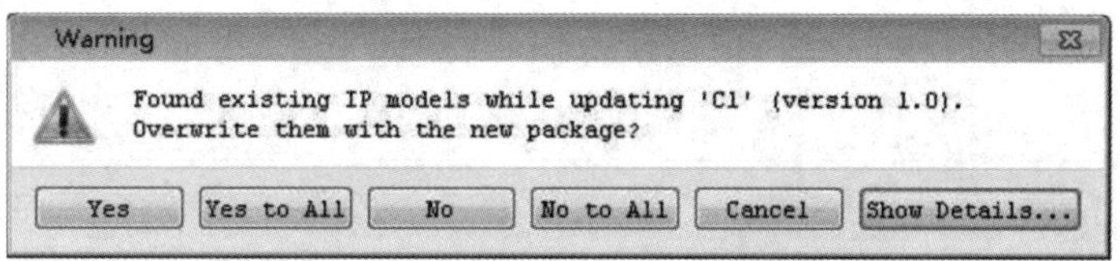

图 4.4.18　更新覆盖已存在的 IP 模型

当确定更新并点击“Yes”或者“Yes to All”按钮后,将完成 IP 模块升级,更新完成的 IP 升级包会从列表中删除。点击 Close 按钮关闭对话框,此时会检查是否有 IP 实例与当前的 IP 模型版本不一致的情况,如果有则会提示用户进行重新关联。

7) IP 实例的重新关联

当启动 IP Compile 时或者执行 Import 操作试图导入已存在的 IP 实例时,或者升级一个 IP 模型时,可能会遇到某些实例与当前的 IP 模型版本不一致的情况,此时需要对它们进行重新关联。可以通过图 4.4.19 所示的对话框进行处理。

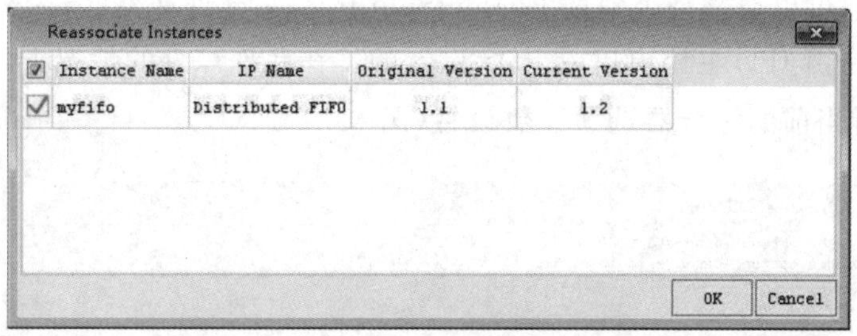

图 4.4.19　重新关联 IP 实例

需要处理的 IP 实例会在图 4.4.19 列出,其原来对应的 IP 版本号和当前的 IP 版本号也会加以指明。被重新关联的 IP 实例可以正常地进行配置,而未关联的 IP 实例的操作是受限制的,仅能在实例列表中看到它的存在。

4.4.3 参数配置窗口

IPC 的参数配置窗口主要用来设置单个 IP 实例的参数。窗口中部的工作区域有两个页面,其中 Configure 页面用来配置 IP 参数,Log 页面用来显示生成过程的后台信息。

1)参数配置页面。

参数配置页面的右侧是 IP 参数的配置区域(图 4.4.20),其内容由 IP 发行商设计,通常由各种输入和显示控件组成,且这些控件之间可能会存在关联。将鼠标移至一个控件上时,可以显示一条有关该控件(参数)的提示(需要 IP 发行商支持),点击工具栏中的按钮可以选择打开或关闭该功能。

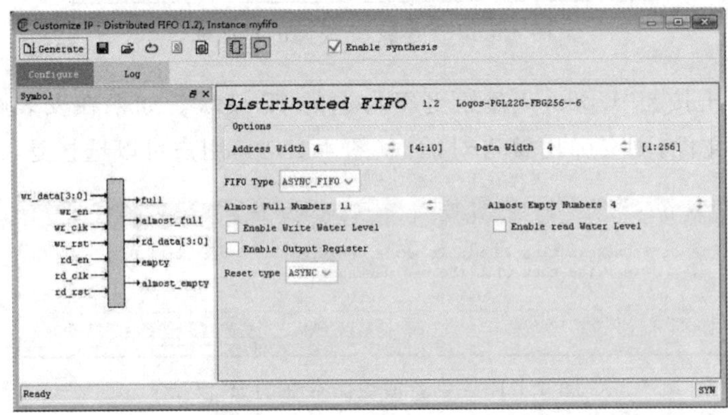

图 4.4.20 参数配置页面

对于一个新打开的 IP 实例,其初始参数是其缺省值。当用户修改某些参数值后,在点击 Generate 按钮开始生成 IP 实例之前会自动保存。用户也可以点击工具栏里的按钮 ■ 手动保存参数。在关闭配置窗口之前如果还有修改的参数值没有保存,则会弹出提示对话框。点击按钮 ,可以用系统自带的资源管理器打开当前 IP 实例所在的文件夹。

参数配置页面的左侧是一些与当前 IP 参数相关的信息显示区域。其中,Symbol 页面用来显示 I/O 端口的图标,点击工具栏中的按钮 可以选择显示或隐藏该页面。在生成一个 IP 实例之前,可以通过是否勾选 Enable Synthesis 来允许或禁止综合功能的执行。它的初始状态通常是由 IPC 主控窗口或 PDS 设置的。在允许综合的情况下,点击工具栏中的按钮 可以查看当前的综合器选项参数设置(图 4.4.21)。

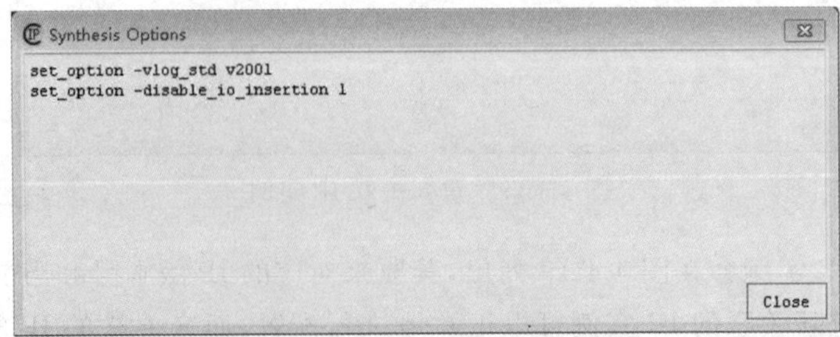

图 4.4.21 综合器选项参数设置

2）后台信息页面

在点击 Generate 按钮开始生成 IP 实例的过程后，会自动切换到 Log 页面，所有的后台信息都会显示到该页面中（图 4.4.22）。这些信息会自动保存在 IP 实例的文件夹中，用户也可以点击 Save Log 按钮将其文本文件保存在其他路径下。

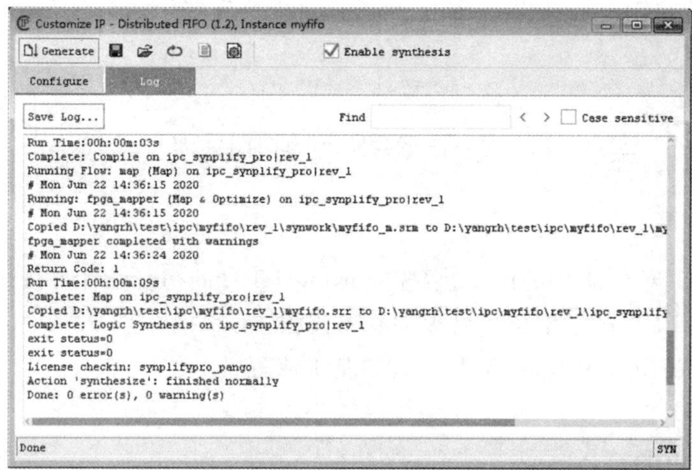

图 4.4.22　后台信息页面

基础实验 第 5 章

实验 1 基于 PDS 软件的彩灯实验

【实验目的】

(1) 通过一个简单的彩灯的设计，掌握 Verilog HDL 的初步设计方法。

(2) 介绍使用 PDS 软件开发 FPGA 的基本流程。

(3) 初步学习利用 Modelsim 进行仿真的基本流程。

【实验原理】

1) LED 硬件电路

从图 5.1.1 所示的 LED 部分原理图可以看出，开发板是将 I/O 端口经过一个电阻和 LED 灯串联接地，FPGA 的 I/O 输出高电平时 LED 灯亮，I/O 输出低电平时 LED 灯灭，其中的串联电阻是为了限制电流。

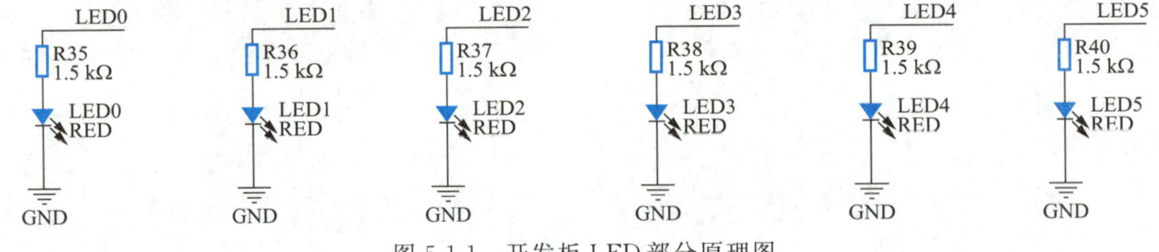

图 5.1.1 开发板 LED 部分原理图

2) FPGA 硬件示意图

实验箱的 FPGA 核心芯片为国产的 PGL22G，封装为 BG324，共有 324 个引脚，引脚的命名是利用横纵坐标定义的，其中横坐标用字母，纵坐标用数字，例如 50 MHz 的脉冲源输入引脚为 B5。图 5.1.2 仅为 FPGA 芯片引脚布局及命名示意图，引脚数以实际芯片型号为准。

【实验内容】

本实验要求实现 6 个 LED 灯以 1 s 的间隔从左到右顺序点亮，第一个循环完成后，重新从第一个 LED 灯开始再次循环，其电路与 FPGA 的引脚连接见表 5.1.1。

LED 灯与 FPGA 的接口电路如图 5.1.3 所示。当 FPGA 与其对应的端口为高电平时，LED 灯会发光，反之 LED 灯会熄灭。

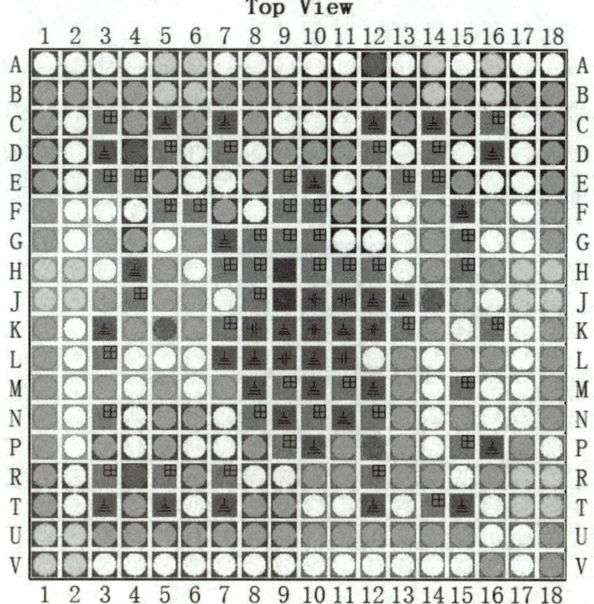

图 5.1.2　FPGA 芯片引脚布局及命名示意图

表 5.1.1　LED 灯与 FPGA 引脚连接表

信号名称	对应 FPGA(PGL22G)引脚	信号说明
LED0	V10	从 FPGA V10 引脚输出到 LED0
LED1	V11	从 FPGA V11 引脚输出到 LED1
LED2	V12	从 FPGA V12 引脚输出到 LED2
LED3	V13	从 FPGA V13 引脚输出到 LED3
LED4	V14	从 FPGA V14 引脚输出到 LED4
LED5	V15	从 FPGA V15 引脚输出到 LED5
rst_n	U11	rst_n 输入到 FPGA U11 引脚
SYSCLK	B5	50 MHz 时钟输入到 FPGA B5 引脚

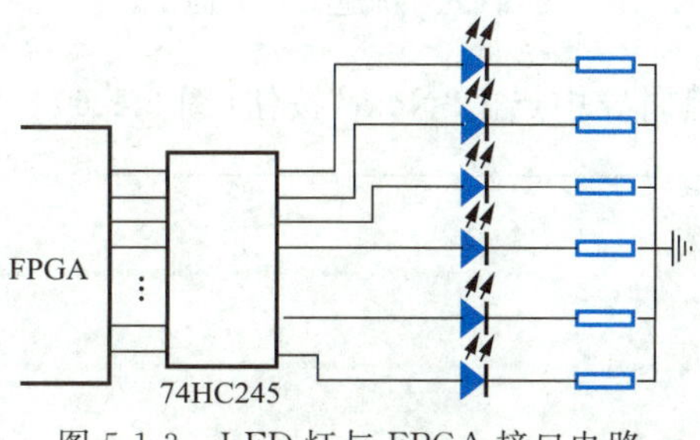

图 5.1.3　LED 灯与 FPGA 接口电路

彩灯实验设计

【实验步骤】

通过本实验功能的实现，介绍 PDS 软件开发环境的项目文件的生成、编译、引脚分配以及时序仿真等操作过程。

1) 创建工程

(1) 启动 PDS 开发环境。在开始菜单中选择 Pango→PDS 2020.3→Pango Design Suite 或者双击桌面上的 PDS 2020.3 图标直接打开软件(图 5.1.4)。当启动软件时,如果软件的授权到期(≤30 d),则会提示 license 到期时间,方便用户有足够的时间提前规划申请授权,以免耽误项目进度。

图 5.1.4 软件启动图标

(2) 在 PDS 开发环境中双击 New Project 或点击 File→New Project...都可以创建一个新的工程,如图 5.1.5 所示。

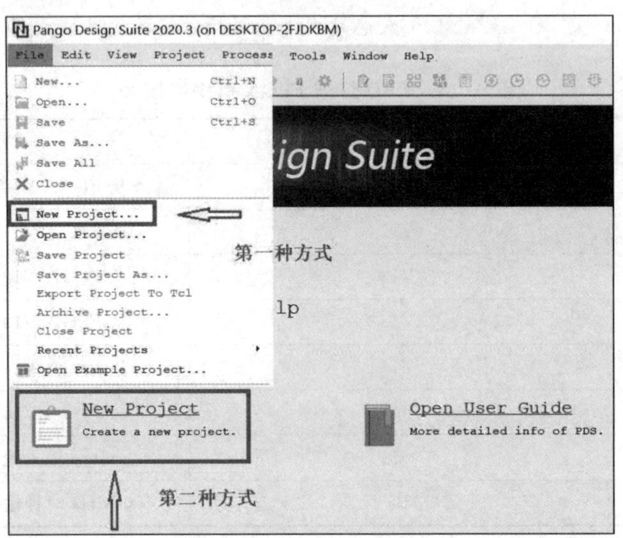

图 5.1.5 新建工程界面 1

(3) 在弹出的 PDS 工程向导中点击"Next"按钮(图 5.1.6)。

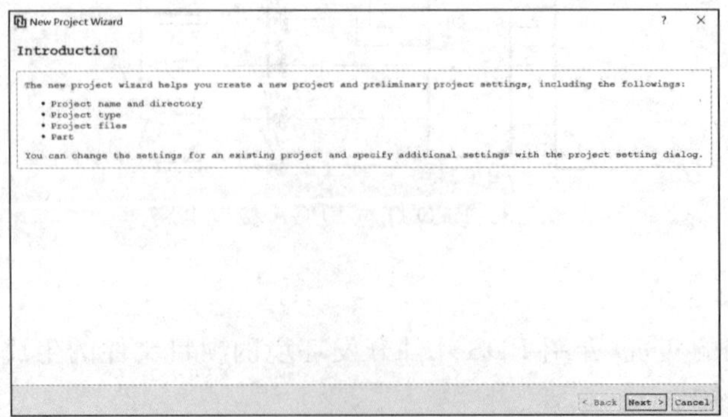

图 5.1.6 新建工程界面 2

(4) 在弹出的对话框中输入工程名和工程存放的目录。这里取工程名为 led_test，然后点击“Next”按钮(图 51.7)。

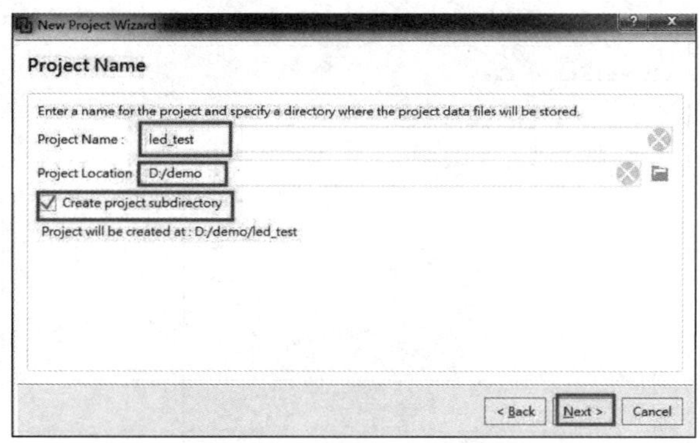

图 5.1.7　新建工程界面 3

(5) 因为这里使用 Verilog 行为描述语言来编程，所以在接下来的对话框中默认选择 RTL Project，单击“Next”按钮(图 5.1.8)。

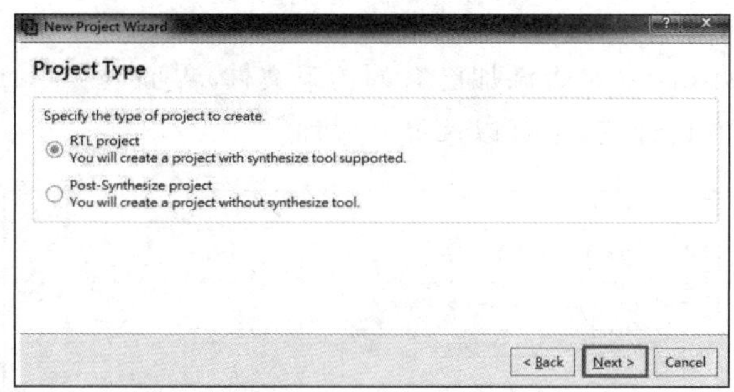

图 5.1.8　新建工程界面 4

(6) 进入 Add Design Source Files 界面，这里先不添加任何设计文件，点击“Next”按钮(图 5.1.9)。

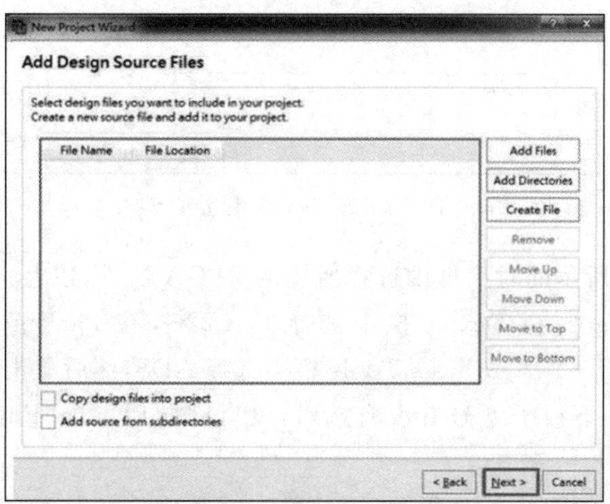

图 5.1.9　新建工程界面 5

(7) 在图 5.1.10 中的 Add Existing IP(是否添加已有的 IP)界面中保持默认不添加，然后单击“Next”按钮(图 5.1.10)。

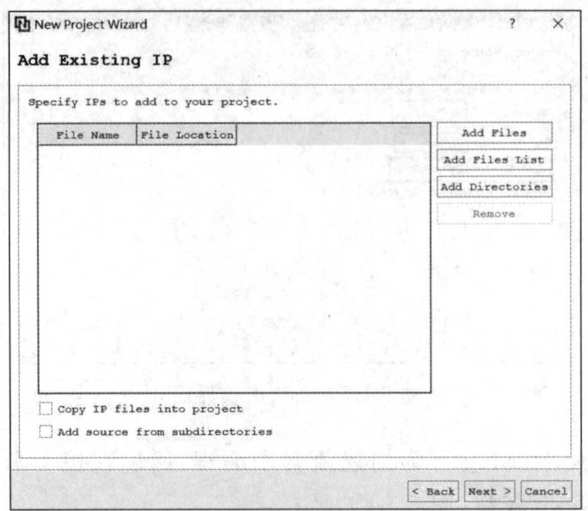

图 5.1.10 新建工程界面 6

(8) 在 Add Constraists(是否添加已有的约束文件)界面(图 5.1.11)可以添加引脚约束文件。若约束文件没有设计好，则可以选择不添加。

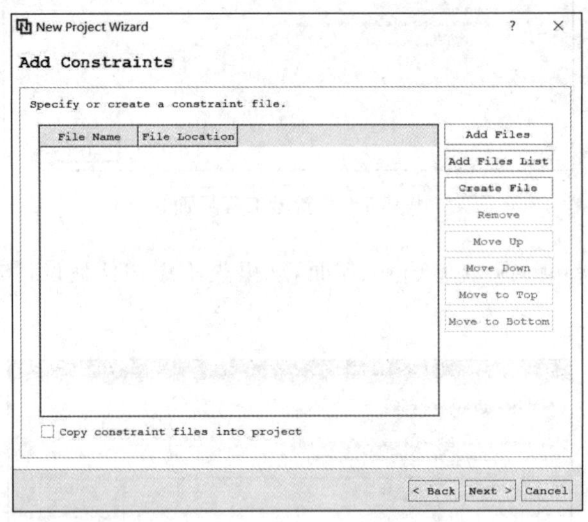

图 5.1.11 新建工程界面 7

(9) 在图 5.1.12 所示的对话框中选择所用的 FPGA 器件，以及进行一些配置。首先在 Family 栏中选择 Logos，在 Device 栏中选择 PGL22G，在 Package 栏中选择 BG324，在 Speed Grade 栏中选择－6，Synthesis Tools 栏中选择 ADS，然后单击“Next”进入下一界面。

(10) 再次确认一下板子型号有没有选对，没有问题后点击“Finish”完成工程创建(图 5.1.13)。

(11) 工程创建后如图 5.1.14 所示。

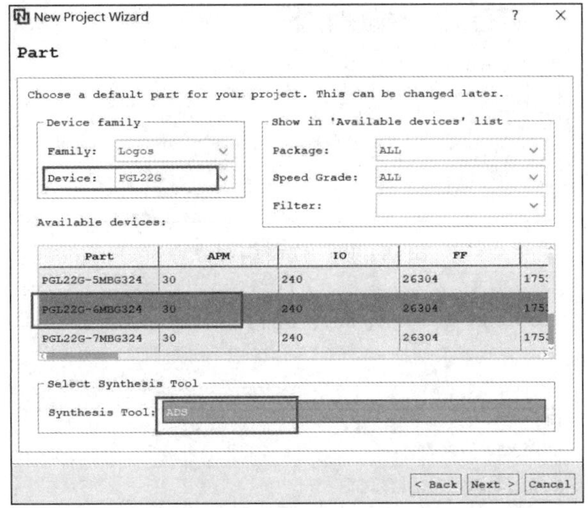

图 5.1.12　新建工程界面 8

New Project Wizard

Summary

When you click Finish, the project will be created with the following settings:

Project Name	led_test
Project Location	C:/EDA/led_test
Number of design source files added:	0
Number of design source directories added:	0
Number of ip source files added:	0
Number of ip source directories added:	0
Number of constraint files added:	0
Part	PGL22G-6MBG324
Synthesize Tool	ADS

< Back　Finish　Cancel

图 5.1.13　新建工程界面 9

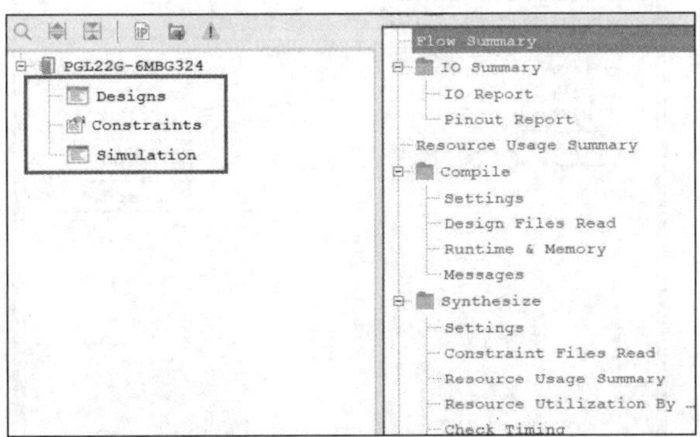

图 5.1.14　新建工程界面 10

2）编写流水灯的 Verilog 代码

（1）双击 Sources 下的 Designs 图标（图 5.1.15）或者菜单 Project→Add source 打开“Add Sources”界面。

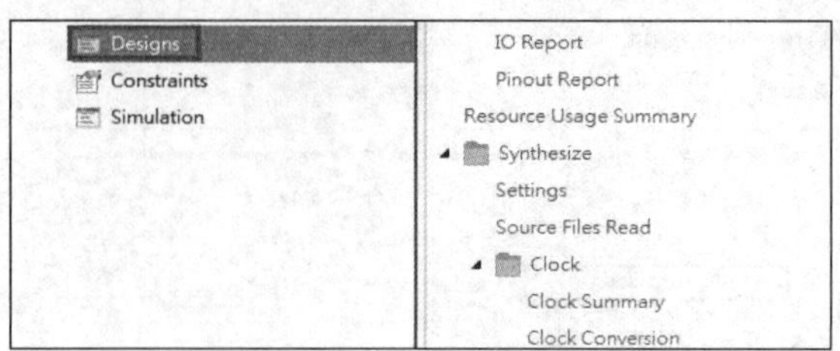

图 5.1.15　代码编写界面 1

(2) 在 Add Design Source Files 界面中进行如图 5.1.16 所示的设置,然后点击"OK"按钮。

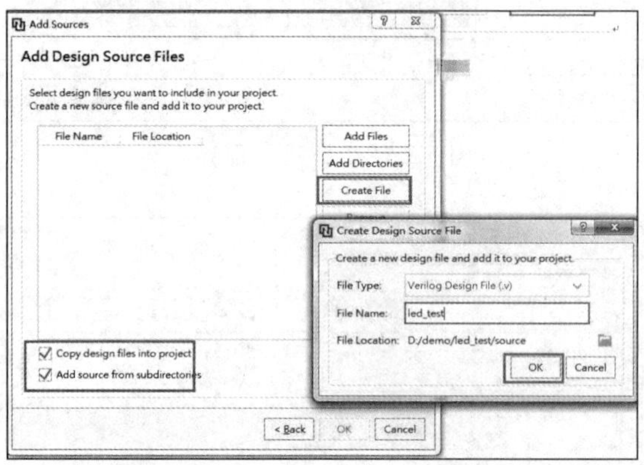

图 5.1.16　代码编写界面 2

(3) 在打开的界面(图 5.1.17)中可以看到已经新建立的 led_test.v 文件,点击"OK"按钮,向导会提示您定义 I/O 的端口(图 5.1.18)。这里可以暂时不定义,后面在程序中编写就可以了。然后单击"OK"按钮,这时在 Navigator 界面下的 Designs 中就会有一个led_test.v 文件,并且自动成为项目的顶层(Top)模块(图 5.1.19)。

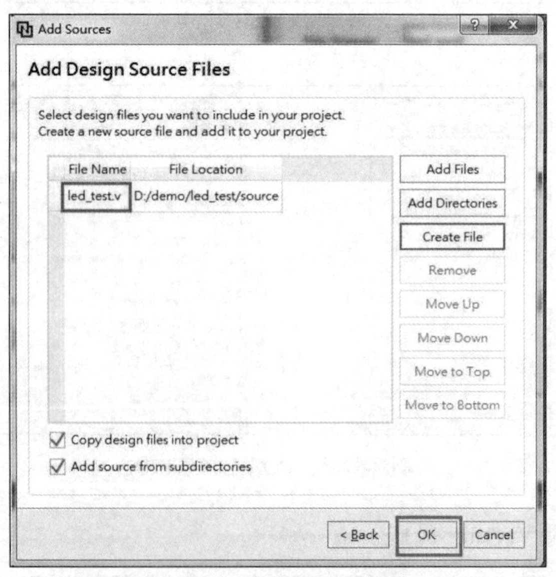

图 5.1.17　代码编写界面 3

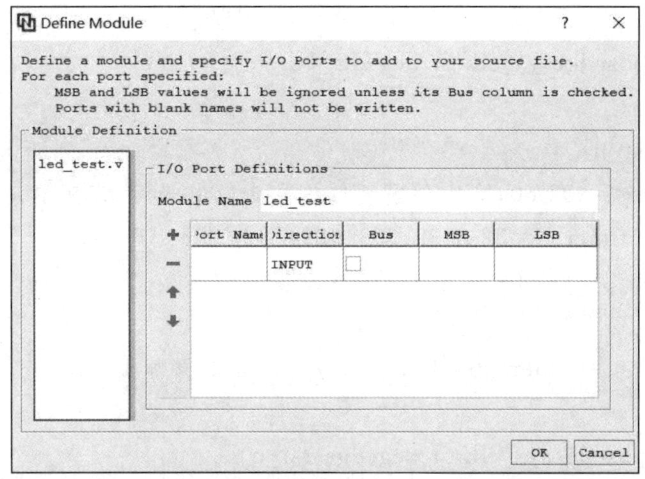

图 5.1.18 代码编写界面 4

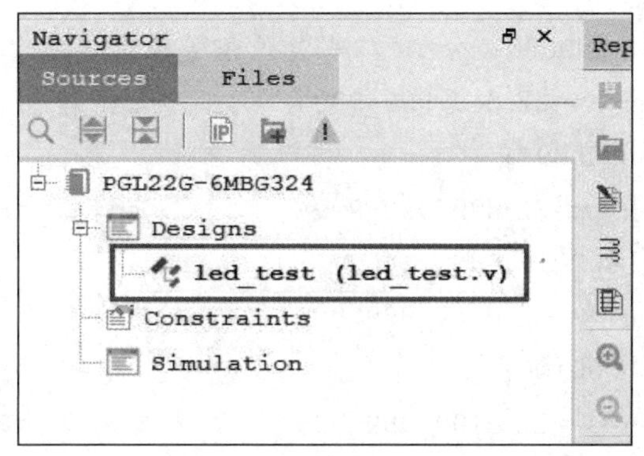

图 5.1.19 代码编写界面 5

(4) 编写 led_test.v 程序。定义一个 32 位的寄存器 timer 用于循环计数 0～299_999_999(6 s)。当计数到 49_999_999(1 s)时,点亮第一个 LED 灯;当计数到 99_999_999(2 s)时,点亮第二个 LED 灯;当计数到 149_999_999(3 s)时,点亮第三个 LED 灯;当计数到 199_999_999(4 s)时,点亮第四个 LED 灯;当计数到 249_999_999(5 s)时,点亮第五个 LED 灯;当计数到 299_999_999(6 s)时,点亮第六个 LED 灯,之后计数器再重新计数。具体的操作代码如下:

```
'timescale 1 ns/1 ns    //定义时间单位/时间精度
module led_test
(sys_clk,       //50 MHz 系统时钟
rst_n,          //复位按键,低电平有效
led             //LED 指示灯
);
input sys_clk;
input rst_n;
output [5:0] led;
reg [31:0] timer;          //定义时间计数器
```

```
reg [5:0] led;
  always @(posedgesys_clk or negedge rst_n)
    begin
      if (~rst_n)
        timer<=32'd0;      //当复位信号为低电平时,定时器清零
      else if (timer==32'd299_999_999)//计时 6 s(50 M*6-1=299 999 999)
        timer<=32'd0;      //定时器清零
      else
        timer<=timer + 1'b1;      //定时器自身加 1
    end
  always @(posedgesys_clk or negedge rst_n)
    begin
      if (~rst_n)
        led<= 4'b000000;        //当复位信号为低电平时,定时器清零
      else if (timer==32'd49_999_999)        //定时器计时 1 s, LED1 点亮
        led<=4'b000001;
      else if (timer==32'd99_999_999)        //定时器计时 2 s, LED2 点亮
        led<=4'b000010;
      else if (timer==32'd149_999_999)       //定时器计时 3 s, LED3 点亮
        led<=4'b000100;
      else if (timer==32'd199_999_999)       //定时器计时 4 s, LED4 点亮
        led<=4'b001000;
      else if (timer==32'd249_999_999)       //定时器计时 5 s, LED5 点亮
        led<=4'b010000;
      else if (timer==32'd299_999_999)       //定时器计时 6 s, LED6 点亮
        led<= 4'b100000;
    end
endmodule
```

(5) 编写好代码后,点击菜单 File→Save All 进行保存。

3) 添加 UCE 约束

User Constraint Editor(Timing and Logic)简称 UCE,主要是完成引脚的约束、时钟的约束,以及组的约束。这里需要将 led_test.v 程序中的输入输出端口分配到 FPGA 的真实引脚上。

(1) 点击菜单栏“Tools”下的“User Constraint Editor”选项(图 5.1.20)。

(2) 在弹出的界面中单击“Device”选项(图 5.1.21)。

(3) 单击“I/O”选项,可看到工程中用到的 I/O 端口(图 5.1.22)。

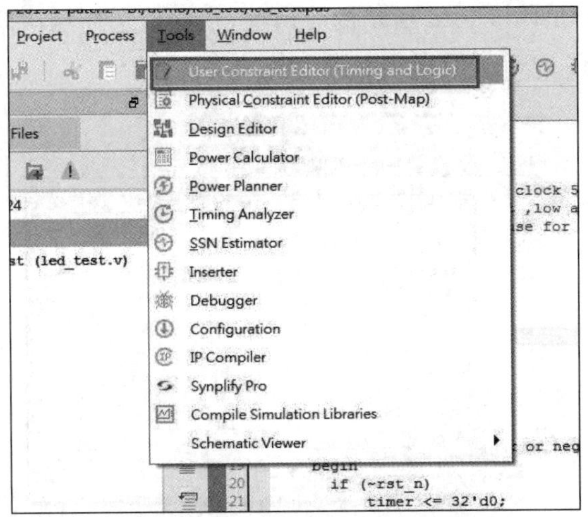

图 5.1.20　引脚约束设置界面 1

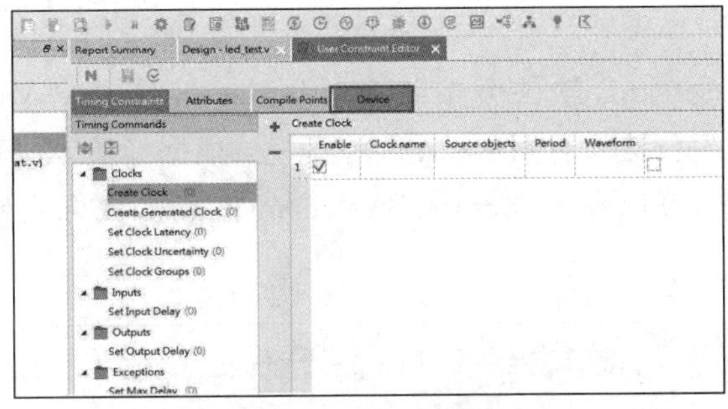

图 5.1.21　引脚约束设置界面 2

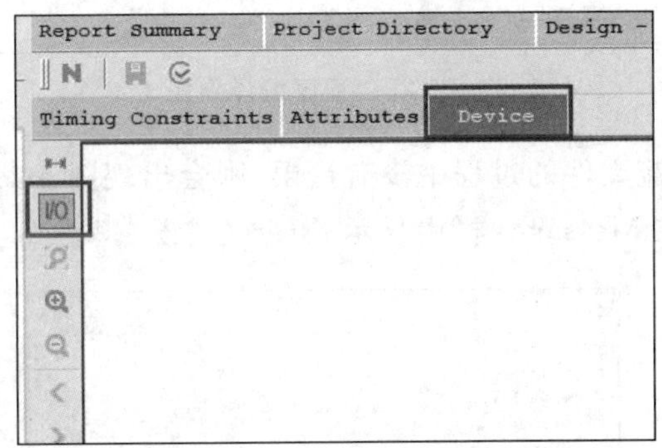

图 5.1.22　引脚约束设置界面 3

(4) 按图 5.1.23 所示的方式分配引脚，其中 LOC 是与硬件中 FPGA 相对应的引脚，VCCIO 是 FPGA 的 I/O 的电压标准，与硬件相对应，其他在这里保持默认即可。

	I/O NAME	I/O DIRECTION	LOC	BANK	VCCIO	IOSTANDARD	DRIVE	BUS_KEEPER	SLEW	HYS_DRI
1	led[5]	OUTPUT	V15	BANKR2	3.3	LVCMOS33	4		SLOW	
2	led[4]	OUTPUT	V14	BANKR2	3.3	LVCMOS33	4		SLOW	
3	led[3]	OUTPUT	V13	BANKR2	3.3	LVCMOS33	4	PULLUP	SLOW	
4	led[2]	OUTPUT	V12	BANKR2	3.3	LVCMOS33	4	PULLUP	SLOW	
5	led[1]	OUTPUT	V11	BANKR2	3.3	LVCMOS33	4	PULLUP	SLOW	
6	led[0]	OUTPUT	V10	BANKR2	3.3	LVCMOS33	4	PULLUP	SLOW	
7	rst_n	INPUT	U11	BANKR2	3.3	LVTTL33		PULLUP		NOHYS
8	sys_clk	INPUT	B5	BANKL0	3.3	LVCMOS33		PULLUP		NOHYS

图 5.1.23　引脚约束设置界面 4

(5) 单击保存后弹出图 5.1.24 所示的对话框,在这里选择默认即可,至此完成了程序中的输入输出端口分配到 FPGA 的真实引脚上的功能。

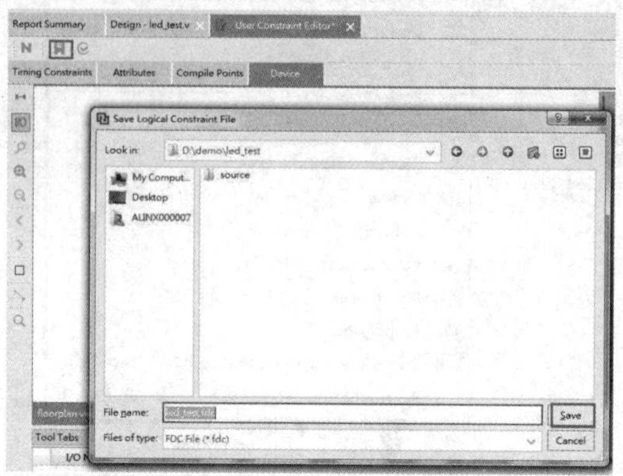

图 5.1.24 引脚约束设置界面 5

4) 生成位流文件

双击 Generate Bitstream,软件会按照 Synthesize→ Device Map→ Place & Route→ Generate Bitstream 产生位流文件(图 5.1.25)。注意:根据经验,在每次程序有修改后,为了保持程序处于最新状态,可以在 Generate Bitstream 上点击鼠标右键,选择 Rerun all 重新生成位流文件。

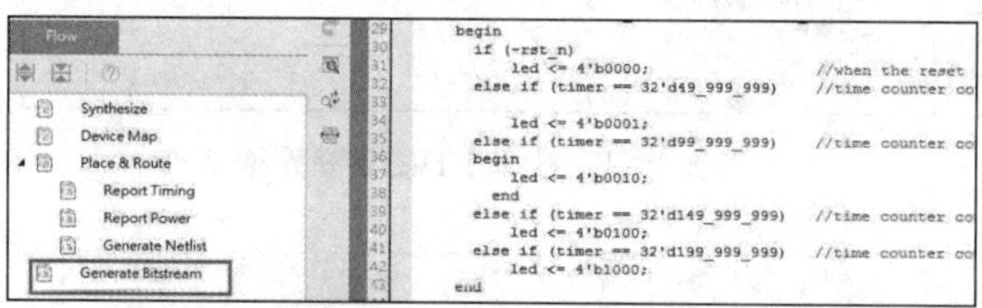

图 5.1.25 程序编译界面 1

如果工程在生成位流文件的过程中没有错误,则会出现图 5.1.26 所示的每一步都正确"√"的情况,否则就会在 Messages 栏中显示 errors(错误)。

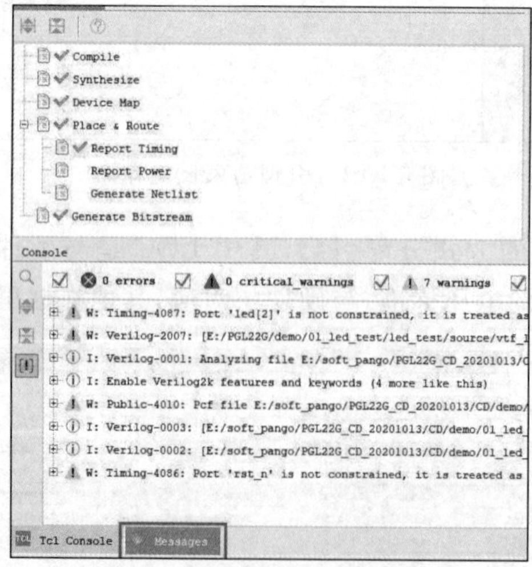

图 5.1.26 程序编译界面 2

位流文件生成完成后，可以在 Report Summary 页面看到 FPGA 内部资源的使用情况（图 5.1.27）。此外，还可以通过图 5.1.28 中所示的操作查看 RTL 视图。

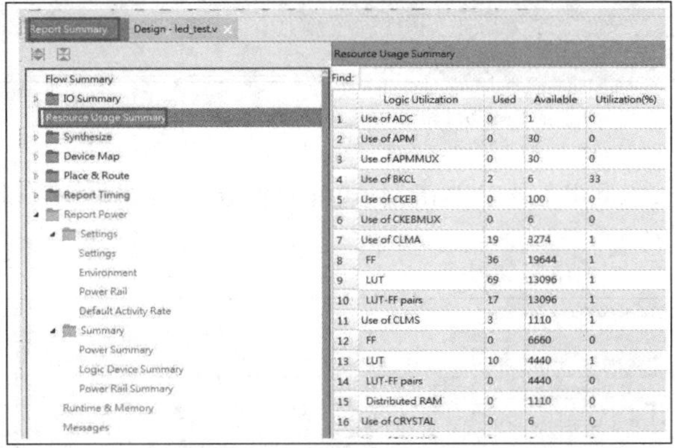

图 5.1.27　程序编译界面 3

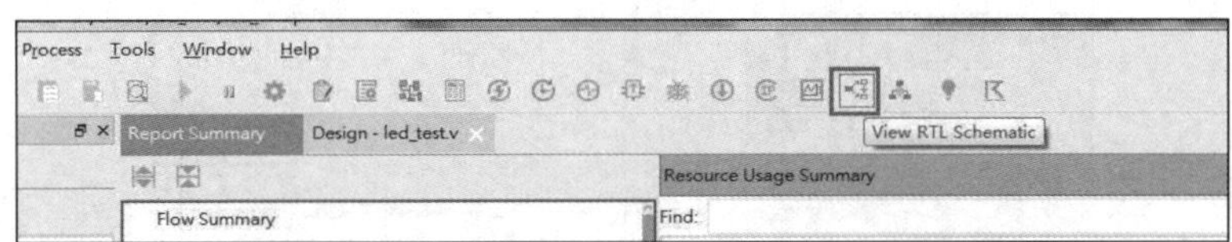

图 5.1.28　程序编译界面 4

5）下载和调试

生成位流文件(.sbit)后，就可以把 sbit 文件下载到 FPGA 芯片中，看一下 LED 灯的实际运行的效果。下载和调试之前应先连接硬件，并将 JTAG 下载器和开发板连接，然后给开发板供电。图 5.1.29 所示为开发板的硬件连接图。

图 5.1.29　开发板的硬件连接图

(1) 单击界面(图 5.1.30)中的“Configuration”按钮，它的作用一是下载程序到 FPGA 中运行，二是固化程序到 FLASH 中。

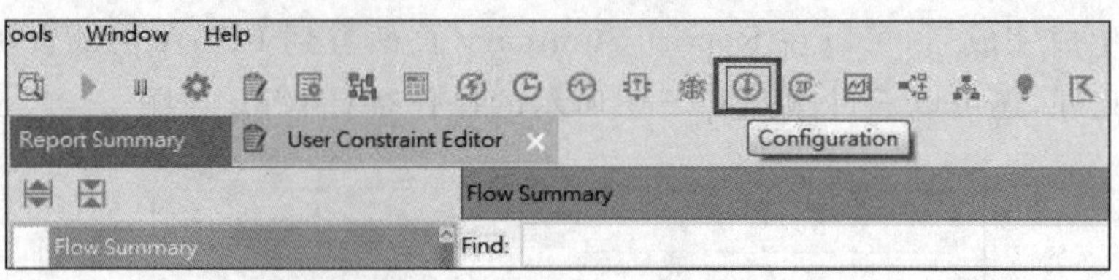

图 5.1.30　程序下载界面 1

(2) 在弹出的界面(图 5.1.31)中单击“Boundary Scan”,然后在右侧空白区单击右键选择“Scan Device”。

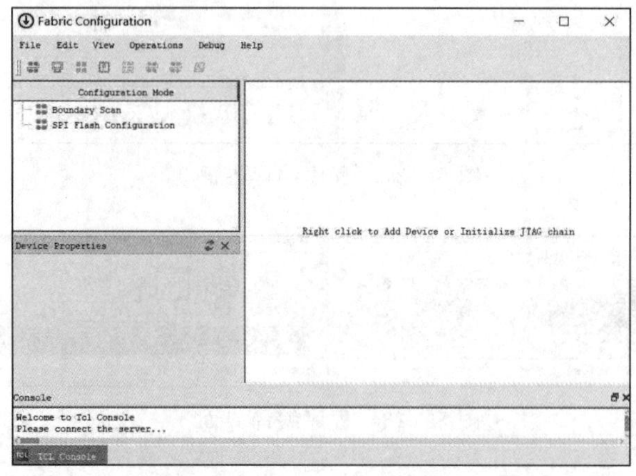

图 5.1.31　程序下载界面 2

(3) 在扫描到 JTAG 设备后会弹出如图 5.1.32 所示的对话框,并按以下操作加载.sbit 文件:在图的左侧显示要加载的文件,然后选中图右侧的绿色方块,鼠标右键单击会弹出下拉菜单,在菜单中选择“Program...”,下载完成后在开发板上即可看到 LED 流水灯的效果。

注意:这种方式的程序是在 FPGA 中运行的,掉电后会消失。如果要实现掉电保存,则需要将程序固化到开发板上的 FLASH 中,这样就不用担心掉电后程序会丢失了。

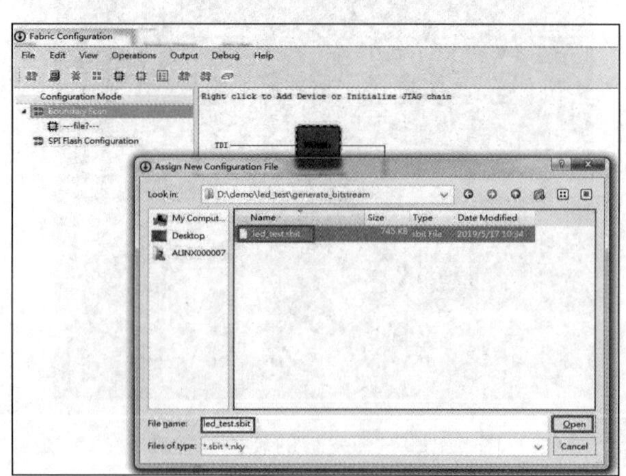

图 5.1.32　程序下载界面 4

6) FLASH 程序固化

限于篇幅,FLASH 程序固化功能的实现过程请参见官方的相关资料,在此不再赘述。

7）仿真验证

使用仿真工具 Modelsim 输出波形，验证彩灯程序设计结果与我们预想的是否一致。具体步骤如下：

（1）添加激励测试文件，点击“Project”下的“Add Source”选项（图 5.1.33）。

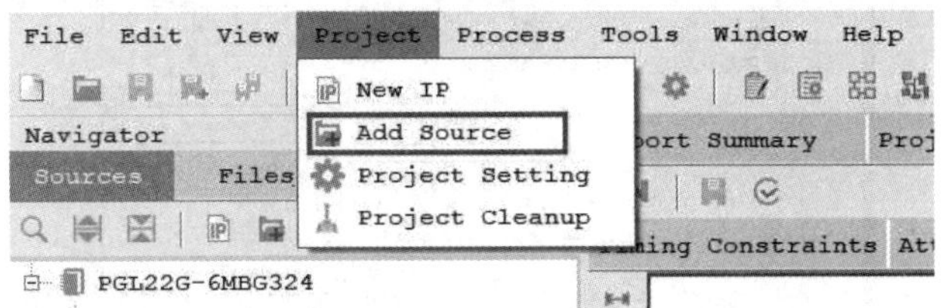

图 5.1.33 程序仿真界面 1

（2）点击“Add or create simulation sources”，然后点击“Next”按钮（图 5.1.34）。

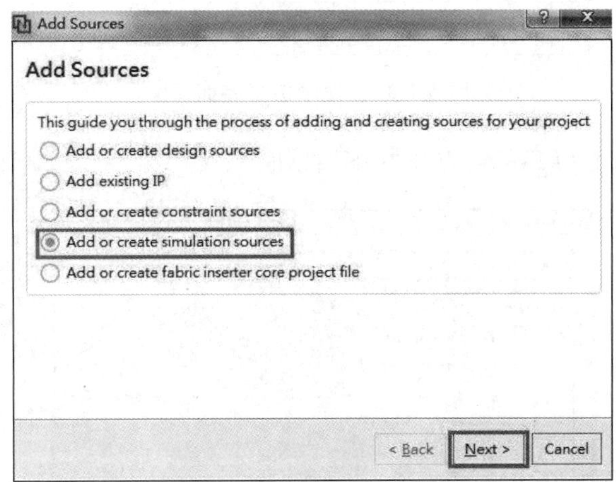

图 5.1.34 程序仿真界面 2

（3）在弹出的对话框中输入激励文件的名字，这里输入 vtf_led_test，其他的按照图 5.1.35 所示进行设置。

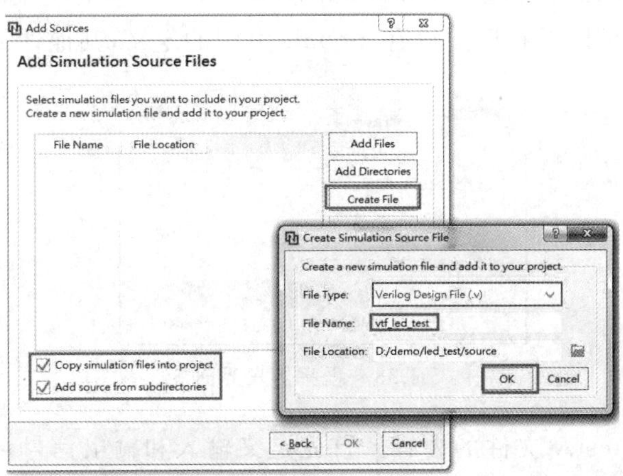

图 5.1.35 程序仿真界面 3

(4) 点击“OK”按钮返回(图 5.1.36)。

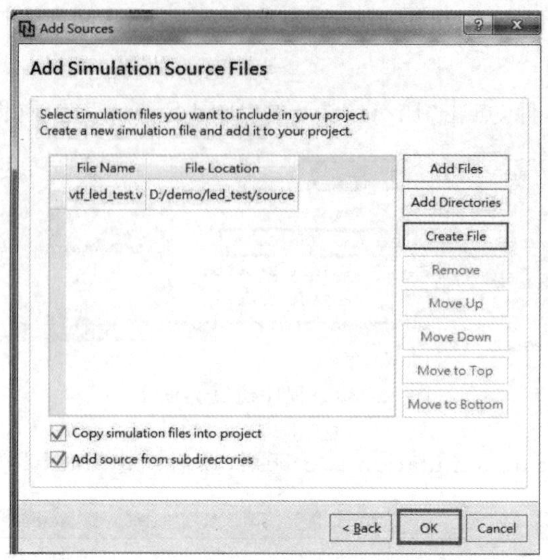

图 5.1.36 程序仿真界面 4

(5) 这里先不添加 I/O Ports,点击“OK”按钮。

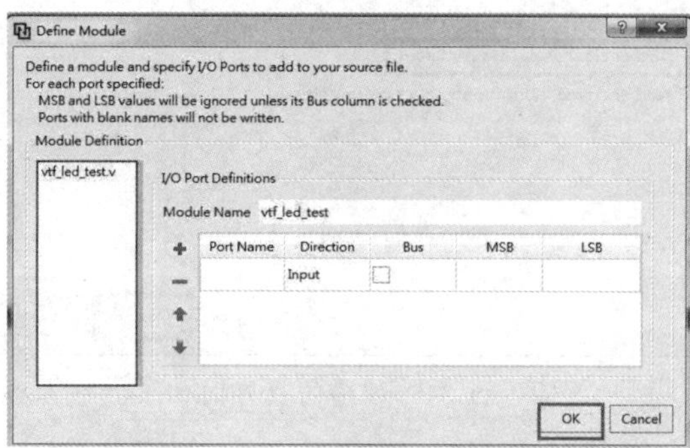

图 5.1.37 程序仿真界面 5

(6) 由图 5.1.38 可以看出,在 Simulation 目录下多了一个刚才添加的 vtf_led_test 文件。双击打开该文件,可以看到里面只有 module 名称的定义,其他什么都没有。

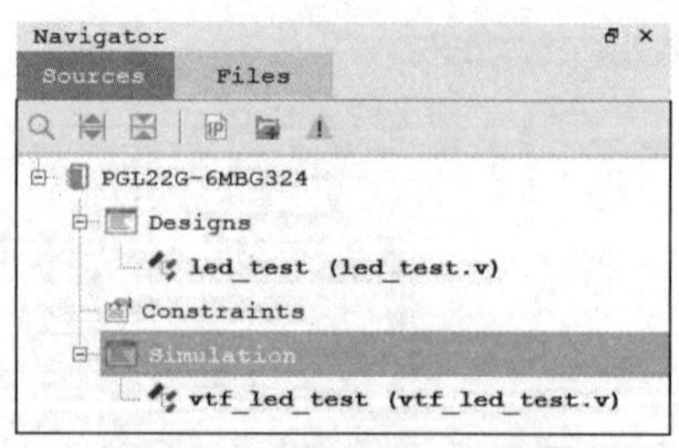

图 5.1.38 程序仿真界面 6

(7) 编写 vtf_led_test.v 文件的内容。首先定义输入和输出信号;然后实例化 led_test 模块,让 led_test 程序作为本测试程序的一部分;最后添加复位和时钟的激励。完成后的 vtf_led_test.v 文件如下:

```
'timescale 1ns/ 1 ns
module vtf_led_test;     // 模块名：vtf_led_test
reg sys_clk;     //信号输入
reg rst_n;     //信号输入
wire [5:0] led;     //输出
//实例化被测单元(UUT)
led_test uut(
  .sys_clk(sys_clk),
  .rst_n(rst_n),
  .led(led)
);
initial
begin
  //输入初始化
  sys_clk=0;
  rst_n=0;
  //等待 1 000 ns,等待复位完成
  #1000;
  rst_n=1;
  #20000;
end
always #10 sys_clk = ~ sys_clk;     //20 ns
endmodule
```

(8) 对编写好后的程序进行保存,vtf_led_test.v 会自动成为这个仿真的顶层,它的下面是设计文件 led_test.v(图 5.1.39)。

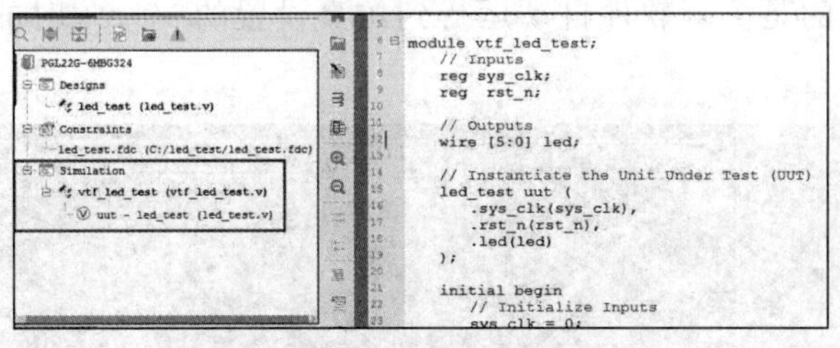

图 5.1.39 程序仿真界面 7

(9) 进行 PDS 仿真配置。选择软件菜单 Project→Project Setting,然后在弹出的界面中进行设置(图 5.1.40)。注意:仿真库的路径在软件安装教程中已介绍,在此不再详述。设置好后单击"OK"按钮。

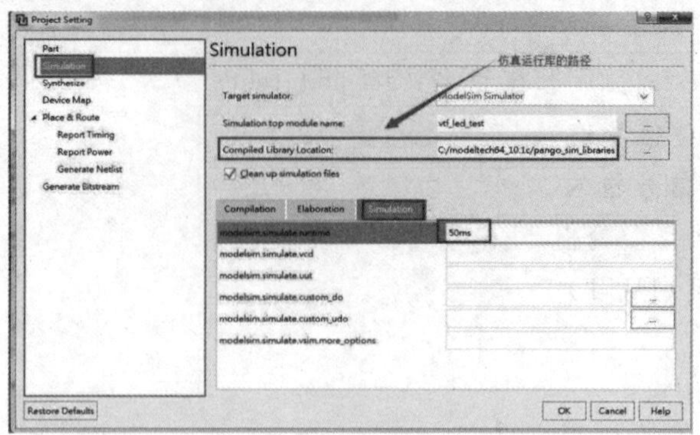

图 5.1.40 程序仿真界面 8

(10) 用鼠标右击仿真文件并在下拉菜单中选择 Run Behavior Simulation(图5.1.41)。这里做一下行为级的仿真就可以了。

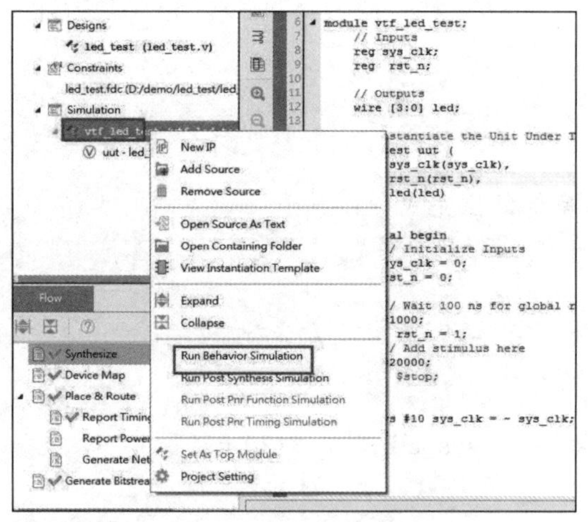

图 5.1.41 程序仿真界面 9

如果没有错误,PDS 会自动调用 Modelsim 仿真软件开始工作。弹出的仿真界面如图 5.1.42 所示,界面显示的是仿真软件自动运行到仿真设置的 50 ms 时的波形。

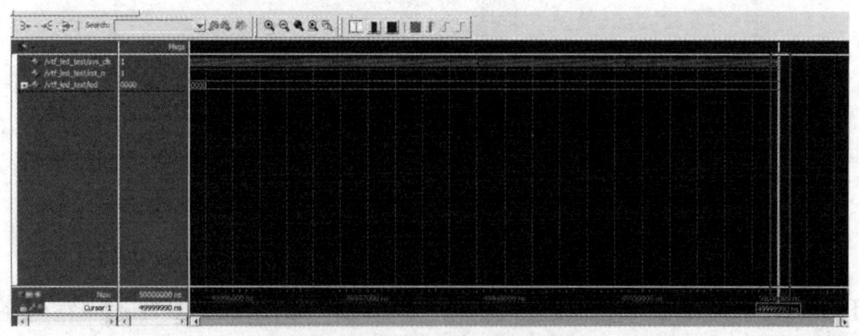

图 5.1.42 程序仿真界面 10

(11) 由于 LED[5:0]在程序中设计的状态变化时间长,而仿真又比较耗时,所以在这里只观测 timer[31:0]计数器的变化。可以把它放到 Wave 中观察:点击界面中的"uut",再用鼠标右击右侧的"timer",在弹出的下拉菜单中选择"Add Wave"(图 5.1.43)。

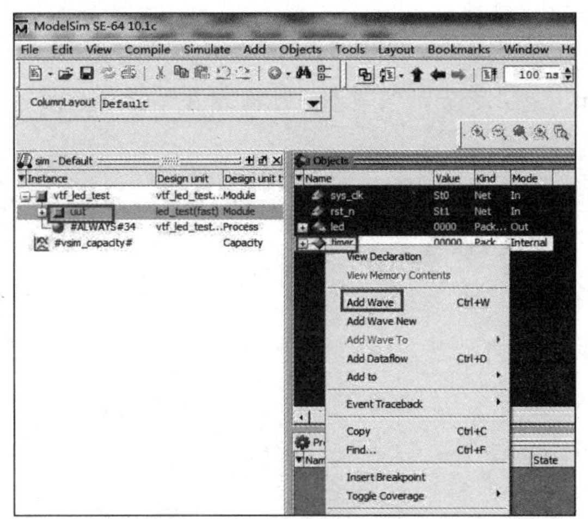

图 5.1.43　程序仿真界面 11

添加 timer 参数后，timer 显示在 Wave 的波形界面上，如图 5.1.44 所示。

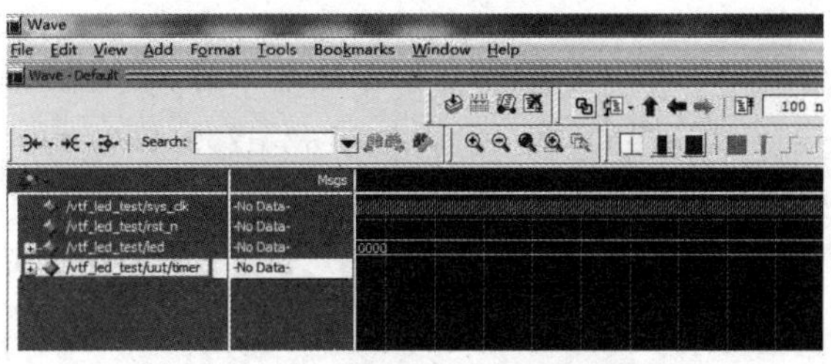

图 5.1.44　程序仿真界面 12

(12) 点击“Restart”按钮进行复位，再点击“Run All”按钮，等待一段时间后，可以看到仿真波形与设计相符(图 5.1.45)。

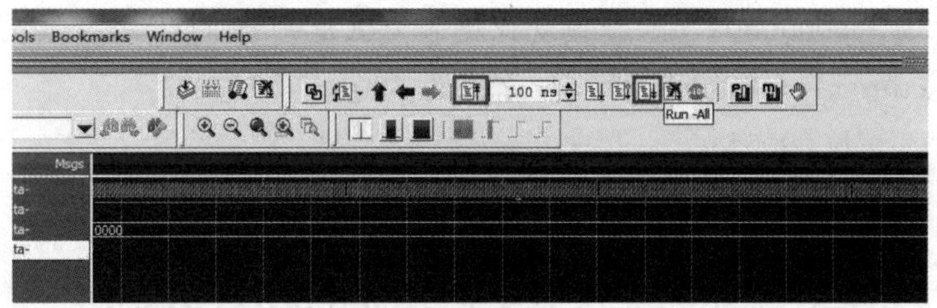

图 5.1.45　程序仿真界面 13

可以看到 LED 的信号会逐一变 1，说明 LED0～LED5 灯逐个熄灭(图 5.1.46)。

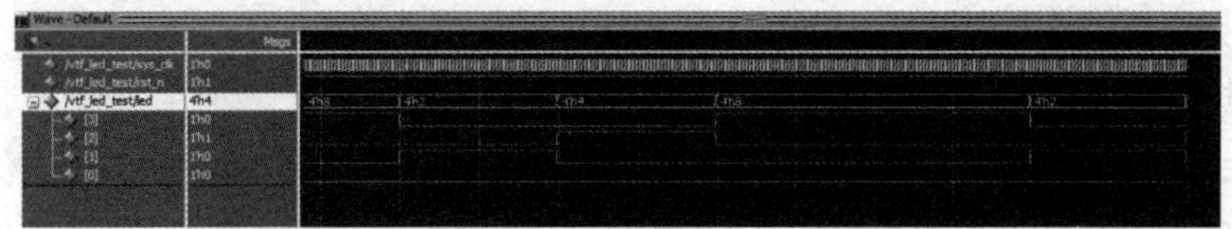

图 5.1.46　程序仿真界面 14

至止，彩灯项目圆满完成，通过该项目可以初步掌握 PDS 的 FPGA 开发的整个流程。

注：为了加快仿真速度，在不影响其逻辑功能的前提下可以修改原主程序的部分参

数值。

```
'timescale 1 ns/1 ns   //定义时间单位/时间精度
module led_test
(sys_clk,      //50 MHz 系统时钟
rst_n,         //复位按键,低电平有效
led            //LED 指示灯
);
input rst_n;
output [5:0] led;
reg [31:0] timer;  //定义时间计数器
reg [5:0] led;
always @(posedgesys_clk or negedge rst_n)
  begin
    if (~rst_n)
      timer<=32'd0;    //当复位信号为低电平时,定时器清零
    else if (timer==32'd299)     //原来为 32'd299_999_999
      timer<=32'd0;    //定时器清零
    else
      timer<=timer+1'b1;     //定时器自身加 1
  end
always @(posedgesys_clk or negedge rst_n)
  begin
    if (~rst_n)
      led<=4'b000000;    //当复位信号为低电平时,定时器清零
    else if (timer==32'd49)     //原来为 32'd49_999_999
      led<=4'b000001;
    else if (timer==32'd99)     //原来为 32'd99_999_999
      led<=4'b000010;
    else if (timer==32'd149)    //原来为 32'd149_999_999
    led<=4'b000100;
    else if (timer==32'd199)    //原来为 32'd199_999_999
    led<=4'b001000;
    else if (timer==32'd249)    //原来为 32'd249_999_999
    led<=4'b010000;
    else if (timer==32'd299)    //原来为 32'd299_999_999
    led<=4'b100000;
  end
endmodule
```

通过修改参数，可以把仿真时间缩减为原来的 1/1 000 000。如果需要将程序下载到硬件设备里进行功能实现，则把程序参数恢复到原参数即可。

【实验报告要求】

(1) 写出主要实验步骤，掌握软件开发流程。

(2) 将实验原理、设计过程、编译仿真波形和分析结果、硬件测试结果记录下来。

【实验思考】

针对本实验内容，思考一下如何实现 6 个灯的多种变化形式，例如第一轮 1,3,5 号灯循环，第二轮 2,4,6 号灯循环，然后 1,3,5 号灯循环，以此类推等。

实验 2　8 位 7 段数码管动态显示电路的设计

【实验目的】

(1) 了解数码管的工作原理。

(2) 学习 7 段数码管显示译码器的设计。

(3) 学习 Verilog 的 CASE 语句及多层次设计方法。

【实验原理】

7 段数码管是电子开发过程中常用的输出显示设备。在实验系统中使用的是 2 个四位一体、共阴极型 7 段数码管。7 段数码管的公共端连接到 GND(共阴极型)，当数码管中的某一段被输入高电平时，相应的这一段被点亮，反之则不亮，其原理框图如图 5.2.1 所示。共阳极性的数码管与共阴极的相似，不再赘述。

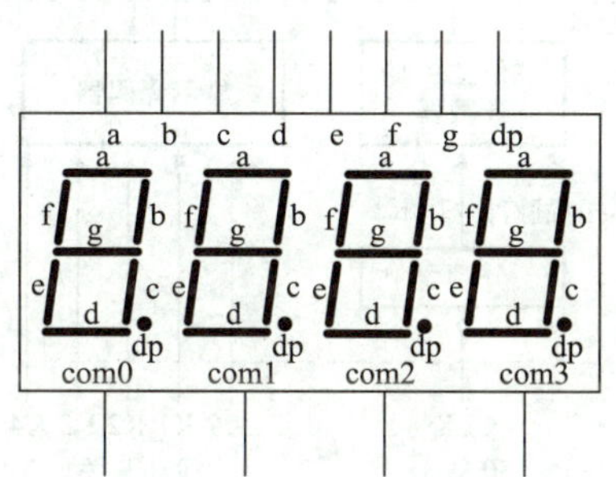

图 5.2.1　四位一体数码管框图

四位一体的 7 段数码管在单个静态数码管的基础上加入了用于选择某位数码管的位选信号端口。8 个数码管的 a,b,c,d,e,f,g,h,dp 端子都分别连在了一起。8 个数码管分别由各自的位选信号来控制，只有当位选信号有效时，被选通的数码管才工作并显示数据，其余的则关闭。

【实验内容】

本实验要求完成的任务是在时钟信号的作用下，利用数码管以 16 进制的形式显示输入开关的键值。在实验过程中，用 4 个拨动开关作为输入，当 4 个拨动开关设置为一个二进制数时，在数码管上显示其十六进制的值，因此要设计一个 7 段显示译码器。数码管选择 1 kHz作为扫描时钟(由 50 MHz 的数字时钟分频而来)。实验系统上的拨动开关与 FPGA 的接口电路，以及开关与 FPGA 的引脚连接在实验 1 中都做了详细说明，这里不再赘述。8 位 7 段数码管显示模块的电路原理如图 5.2.2 所示。

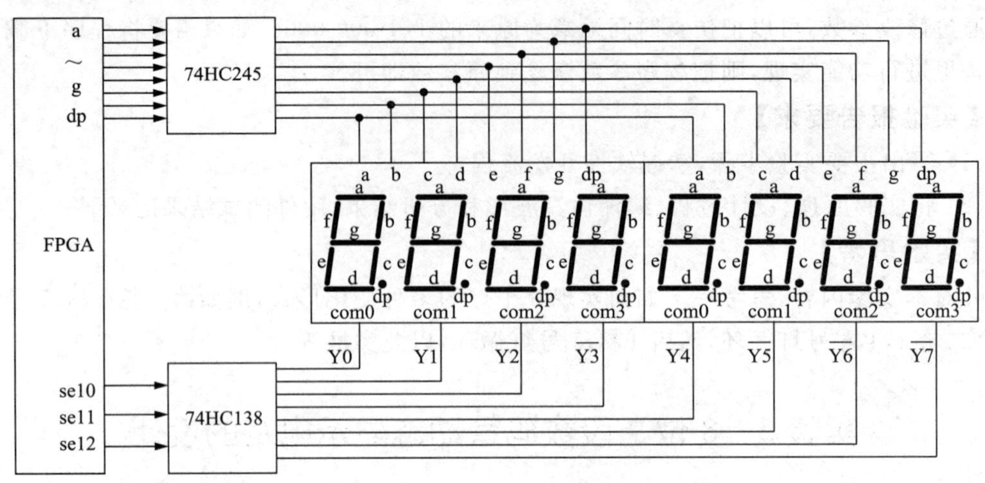

图 5.2.2 数码管显示模块电路原理

【实验步骤】

(1) 打开 PDS 软件,新建一个工程。

(2) 新建一个 Verilog File,并打开 Verilog 编辑器对话框。

(3) 按照实验原理和自己的想法,在编辑窗口编写 Verilog 程序。数码管动态显示程序框图如图 5.2.3 所示。

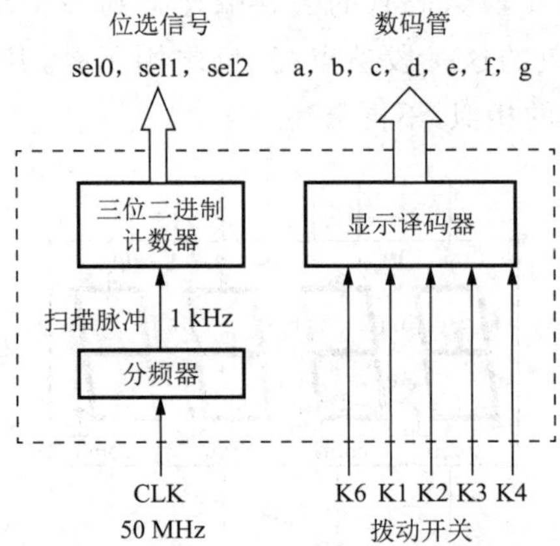

图 5.2.3 数码管动态显示程序框图

(4) 将编写完的 Verilog 程序保存起来,方法同实验 1。

(5) 对编写的 Verilog 程序进行编译并仿真,对程序的错误进行修改。注意:在仿真时,由于分频器的计数值非常大,仿真时间会很长,在观测时间内看不到计数器循环一次,所以在仿真时可以降低分频器的计数值,减少仿真时间,在下载测试时再更改过来。

8位7段数码管动态显示电路设计

(6) 编译仿真无误后,依照拨动开关、数码管与 FPGA 的引脚连接表,参照附录进行引脚分配。表 5.2.1 是示例程序的引脚分配表。分配完成后,再进行全编译一次,以使引脚分配生效。

用下载电缆通过 JTAG 口将对应的.sbit 文件加载到 FPGA 中,观察实验结果是否与自己的编程目的一致。

表 5.2.1 端口引脚分配表

端口名	使用模块信号	对应 FPGA 引脚	说 明
CLK	数字信号源	B5	时钟为 50 MHz
RST_N	拨动开关 K6	N13	复位信号输入
KEY0	拨动开关 K1	U11	二进制数据输入
KEY1	拨动开关 K2	U12	
KEY2	拨动开关 K3	U13	
KEY3	拨动开关 K4	U14	
LEDAG0	数码管 a 段	B15	十六进制数据输出显示
LEDAG1	数码管 b 段	A15	
LEDAG2	数码管 c 段	B16	
LEDAG3	数码管 d 段	A16	
LEDAG4	数码管 e 段	D17	
LEDAG5	数码管 f 段	D18	
LEDAG6	数码管 g 段	E18	
7SEG-DP	数码管 dp 段	E17	
SEL0	位选 sel0	G13	
SEL1	位选 sel1	H14	
SEL2	位选 sel2	H13	

【实验现象与结果】

以设计的参考程序为例，当设计文件加载到目标器件后，将数字信号源 50 MHz 的数字时钟分频为 1 kHz 作为扫描时钟(扫描时钟的作用是使 8 个数码管同时显示)，拨动四位开关，使其为一个数值，则 8 个数码管均显示开关所表示的十六进制的值。

【选做内容】

在以上以 16 进制显示按键键值的基础上，通过程序的完善，实现以 10 进制的形式显示按键的键值。例如，当开关为 0001 时，8 个数码管显示 01010101；当开关为 1111 时，8 个数码管显示 15151515。

【实验报告要求】

绘出仿真波形，并进行说明。

(1) 说明扫描时钟是如何工作的，并指出改变扫描时钟会有哪些变化。

(2) 将实验原理、设计过程、编译仿真波形和分析结果、硬件测试结果记录下来。

部分示例程序(以 16 进制显示按键键值)如下：

```
module ruanjian2(Clk, k, rst_n,Sev_Seg_Led_Data_n, del );      //定义模块
input Clk;      //定义 50 MHz 时钟输入
input [3:0] k;      //4 个拨动开关输入
input rst_n;      //复位按键
```

```
output [6:0] Sev_Seg_Led_Data_n;     //定义输出到 7 段数码管的 7 个信号
output [2:0] del;     //定义 3-8 译码器的 3 个输入信号,译码器的 8 个输出作为 8 位
                         数码管的位选信号
reg [6:0] Led;     //定义中间量
reg [31:0] Timer;     //定义中间量
reg Clk_En;     //定义中间量
reg [2:0] i;     //定义中间量
reg [2:0] del;     //定义中间量
reg [3:0] A,B,C; //定义中间量
always @(posedge Clk )     //判断时钟是否有上升沿
begin
  if (~rst_n)
    Timer<=0;
  else
    begin  //begin...end 相当于括号
      //Timer<=(Timer==32'd50_000) ? 32'd0:(Timer+32'd1);
      //Clk_En<=(Timer>=32'd25_000) ? 1'd1:1'd0;
      //这两行程序的作用是进行时钟分频,初始时钟从 50 MHz 降低为 1 000 Hz,即
        50 MHz 除以 50 000
      Timer<=(Timer==32'd1) ? 32'd0:(Timer+32'd1);
      Clk_En<=(Timer>32'd0) ? 1'd1:1'd0;
      //如果只是计算机仿真,为了方便查看波形,只需要进行 2 分频即可,否则仿真
        波形很难看到全貌
    end
  if(Clk_En)     //判断降频后的时钟是否有高电平,即一个新周期产生
    begin
      if(i<7)
        i<=i+3'd1;
      else
        i<=0;     //i 进行自身加一,实现 0~7 的循环,用于产生 8 位数码管的位
                     选扫描信号
        del<=i;
        C=k;
    end
end
always @(C)     //判断拨动开关的键值,进行译码显示
  begin
    case(C)
    4'b0000:Led<=7'b0111_111;
```

```
        4'b0001:Led<=7'b0000_110;
        4'b0010:Led<=7'b1011_011;
        4'b0011:Led<=7'b1001_111;
        4'b0100:Led<=7'b1100_110;
        4'b0101:Led<=7'b1101_101;
        4'b0110:Led<=7'b1111_101;
        4'b0111:Led<=7'b0000_111;
        4'b1000:Led<=7'b1111_111;
        4'b1001:Led<=7'b1101_111;
        4'b1010:Led<=7'b1110_111;
        4'b1011:Led<=7'b1111_100;
        4'b1100:Led<=7'b0111_001;
        4'b1101:Led<=7'b1011_110;
        4'b1110:Led<=7'b1111_001;
        4'b1111:Led<=7'b1110_001;
        default:Led<=7'b0000_000;
        endcase
    end
assign  Sev_Seg_Led_Data_n=Led;
endmodule
```

//程序最后实现的现象是,拨动 4 位开关,8 个数码管会以 16 进制的形式显示开关的值

//例如当开关为 0001 时,8 个数码管显示 11111111;当开关为 1111 时,8 个数码管显示 FFFFFFFF

Modelsim 仿真程序如下:

```
'timescale 1 ns/1 ps  //定义时间单位/时间精度
module vtf_ruanjian2();
//定义输入
reg Clk;
reg [3:0] k;
reg rst_n;
//定义输出
wire [6:0] Sev_Seg_Led_Data_n;
wire [2:0] del;
//实例化测试单元 (UUT)
ruanjian2 uut(
.Clk(Clk),
```

```
.k(k),
.rst_n(rst_n),
.Sev_Seg_Led_Data_n(Sev_Seg_Led_Data_n),
.del(del)
);
initial
begin
    //初始化输入
    Clk=0;
    rst_n=0;
    k=0;
    #20 rst_n=1;     //间隔 20 ns 后,复位信号置 1
    #20 k=0;     //间隔 20 ns 后,k 置 1
    #20 k=1;
    #20 k=2;
    #20 k=3;
    #20 k=4;
    #20 k=5;
    #20 k=6;
    #20 k=7;
    #20 k=8;
    #20 k=9;
    #20 k=10;
    #20 k=11;
    #20 k=12;
    #20 k=13;
    #20 k=14;
    #20 k=15;
end
always #2 Clk=~ Clk;     //每隔 2 ns,Clk 反转一次,
endmodule
```

实验 3　矩阵键盘扫描及数码管显示实验

【实验目的】

(1) 了解普通 4×4 矩阵键盘的工作原理。

(2) 掌握 FPGA 中矩阵键盘扫描的编程方法。

(3) 加深对 7 段数码管显示过程的理解。

【实验原理】

实现键盘的方案有两种：一是采用现有的一些集成芯片实现键盘扫描，二是采用软件实现键盘扫描。虽然目前有很多集成芯片可以用来实现键盘扫描，但是利用键盘扫描的软件实现方法有助于降低硬件开发成本，且只需要很少的 CPU 开销。下面在介绍键盘的工作原理的基础上，介绍一下软键盘的实现方案。一个键盘中的按键通常使用一个瞬时接触开关，其简单电路如图 5.3.1 所示。

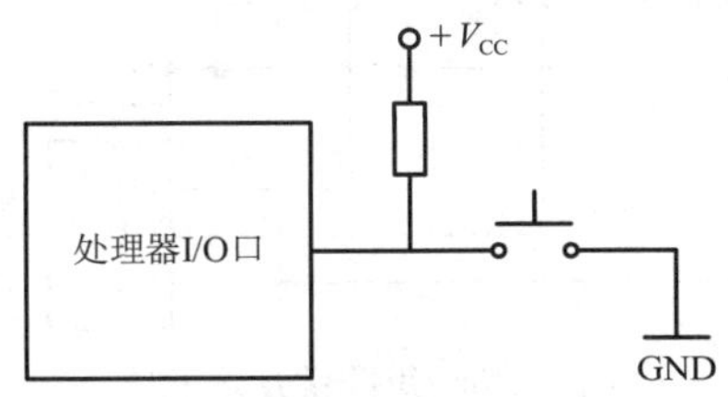

图 5.3.1 简单键盘电路

微处理器可以很容易地检测到开关的闭合。当开关打开时，通过处理器的 I/O 口的一个上拉电阻提供逻辑“1”；当开关闭合时，处理器的 I/O 口的输入电平将被拉低得到逻辑“0”。遗憾的是开关并不完善，因为当开关被按下或者被释放时，并不能够产生一个明确的“1”或者“0”。尽管触点可能看起来稳定而且很快闭合，但与微处理器快速的运行速度相比，这种动作是比较慢的。当触点闭合时，其弹起就像一个球，弹起效果将产生图5.3.2所示的多个脉冲，即按键的抖动。弹起的持续时间通常将维持在 5～30 ms 之间。

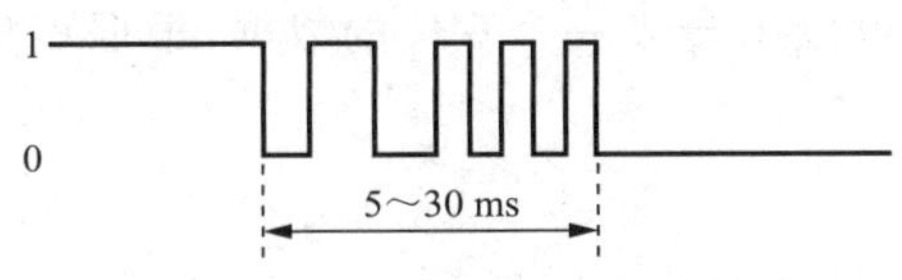

图 5.3.2 按键抖动波形

如果需要多个按键，则可以将每个开关连接到微处理器上的输入端口。但是当开关的数目增加时，这种方法将很快使用完所有的输入端口。键盘上使用这些开关最有效的方法（当需要 5 个以上的按键时）是形成一个如图 5.3.3 所示的二维矩阵。

一个瞬时接触开关（按钮）放置在每一行与每一列的交叉点，每一行由一个输出端口的一位驱动，而每一列由一个电阻上拉且供给输入端口的一位驱动。矩阵所需按键的数目根据实际应用的不同而不同，当行和列的数目一样多时，也就是方型的矩阵，将产生一个最优化的布列方式（在 I/O 端被连接的时候）。

对于图 5.3.3 所示的 3×3 矩阵键盘，要想识别哪个按键被按下，只需要知道按键在哪一行和哪一列即可。为了完成这一识别过程，定义行线 R2，R1，R0 为输出端口，定义列线 C2，C1，C0 为输入端口。首先第 1 行输出为低电平，其他两行输出为高电平，然后读入列的值。如果读入的 3 列数值均为高电平，那么肯定没有按键被按下；如果读入的 3 列数值有一位为低电平，那么对应的列肯定有一个按键被按下。同理，第 2 行和第 3 行分别输出低电平，依次扫描第 2 行和第 3 行，这样便可以获取到按键的行值和列值。这种方式称为矩阵键盘的逐行扫描方式。也可以采用逐列扫描方式得到按键的行值和列值。

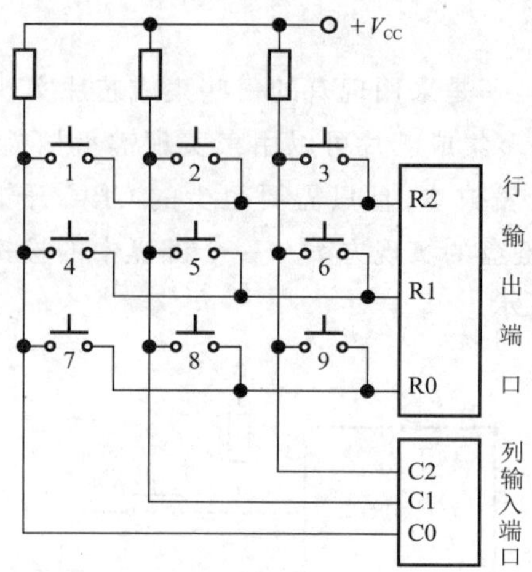

图 5.3.3　矩阵键盘示意图

还有一种矩阵键盘的识别方式:定义行线 R2,R1,R0 为输出端口,定义列线 C2,C1,C0 为输入端口。首先输出 3 行均为低电平,然后读入列值,如果读入的列值均为高电平,那么肯定没有按键被按下;如果读入的列值有一位为低电平,那么对应的列肯定有一个按键被按下,这样便可以获取到按键的列值。同理,可以获取得到行值,即定义行线 R2,R1,R0 为输入端口,定义列线 C2,C1,C0 为输出端口。首先输出 3 列均为低电平,然后读入行值,如果读入的行值均为高电平,那么肯定没有按键被按下;如果读入的行值有一位为低电平,那么对应的行肯定有一个按键被按下,这样便可以获取到按键的行值。

获取到行值和列值后,可以组合成一个 6 位的数据,根据矩阵键盘的布局就可以得到按键的编码。

【实验内容】

本实验要求完成的任务是通过编程实现对 4×4 矩阵键盘按键的键值的读取,并在数码管上完成键值的显示。按照键盘的定义,按下"＊"键在数码管上显示"E"字形,按下"＃"键在数码管上显示"F"字形,其他的键则按照键盘上的标识进行显示。

在本实验中,数码管与 FPGA 的连接电路和引脚连接在以前的实验中都做了详细说明,因而这里不再赘述。本开发箱上的 4×4 矩阵键盘的电路原理图如图 5.3.4 所示。

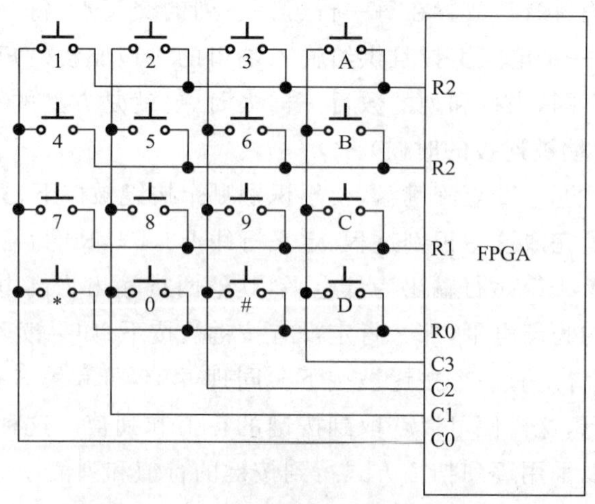

图 5.3.4　4×4 矩阵键盘电路原理图

4×4 矩阵键盘与 FPGA 的引脚连接见表 5.3.1。

表 5.3.1 4×4 矩阵键盘与 FPGA 的引脚连接表

信号名称	对应 FPGA 引脚	说 明
KEY-C0	R14	矩阵键盘的第 1 列选择
KEY-C1	P13	矩阵键盘的第 2 列选择
KEY-C2	P14	矩阵键盘的第 3 列选择
KEY-C3	T13	矩阵键盘的第 4 列选择
KEY-R0	R13	矩阵键盘的第 1 行选择
KEY-R1	P12	矩阵键盘的第 2 行选择
KEY-R2	P11	矩阵键盘的第 3 行选择
KEY-R3	T11	矩阵键盘的第 4 行选择

【实验步骤】

(1) 打开 PDS 软件,新建一个工程。

(2) 新建一个 Verilog HDL File,点击"OK"按钮确认,然后打开 Verilog HDL 编辑器对话框。

(3) 按照实验原理和自己的想法,在 Verilog HDL 编辑窗口编写 Verilog HDL 程序。程序框图如图 5.3.5 所示。

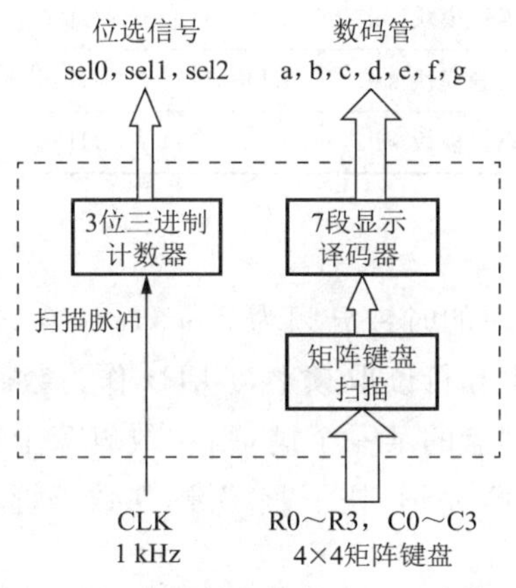

图 5.3.5 矩阵键盘扫描显示程序框图

(4) 保存编写的 Verilog HDL 程序,方法同实验 1。

(5) 对编写的 Verilog HDL 程序进行编译并仿真,对程序的错误之处进行修改。

(6) 编译仿真无误后,依照 4×4 矩阵键、数码管与 FPGA 的引脚连接表 5.3.2 进行引脚分配。分配完成后,再进行全编译一次,以使引脚分配生效。

(7) 用下载电缆通过 JTAG 接口将对应的.sbit 文件下载到 FPGA 中,观察实验结果是否与自己的编程思路一致。

4×4矩阵键盘扫描部分参考程序

表 5.3.2　端口引脚分配表

端口名	使用模块信号	对应 FPGA 引脚	说　明
CLK	数字信号源	B5	时钟为 50 MHz
R0	4×4 矩阵键盘 R0	R13	矩阵键盘行信号
R1	4×4 矩阵键盘 R1	P12	
R2	4×4 矩阵键盘 R2	P11	
R3	4×4 矩阵键盘 R3	T11	
C0	4×4 矩阵键盘 C0	R14	矩阵键盘列信号
C1	4×4 矩阵键盘 C1	P13	
C2	4×4 矩阵键盘 C2	P14	
C3	4×4 矩阵键盘 C3	T13	
A	数码管模块 a 段	B15	数码管显示
B	数码管模块 b 段	A15	
C	数码管模块 c 段	B16	
D	数码管模块 d 段	A16	
E	数码管模块 e 段	D17	
F	数码管模块 f 段	D18	
G	数码管模块 g 段	E18	
SEL0	数码管模块 sel0	G13	
SEL1	数码管模块 sel1	H14	
SEL2	数码管模块 sel2	H13	

【实验结果与现象】

通过程序将数字信号源模块的时钟分频为 200 Hz,400 Hz,1 kHz,其中 200 Hz 和 400 Hz 分别作为键盘的列扫描频率和行读取频率,1 kHz 作为数码管的扫描频率。当设计文件下载到目标器件后,按下矩阵键盘的某一个键,则在数码管上显示这个键对应标识的键值:按下“*”键,在数码管上显示“E”字形;按下“#”键,在数码管上显示“F”字形。

【实验报告要求】

(1) 绘出不同键值时的数码管的仿真波形,并进行说明。

(2) 根据自己的思路,思考一下还有没有其他方法进行键盘的扫描显示,试绘出其流程图。

(3) 将实验原理、设计过程、编译仿真波形和分析结果、硬件测试结果记录下来。

(4) 思考如何实现当按下第二个键时前一个键的键值在数码管上左移一位。

实验 4　16×16 LED 点阵显示实验

【实验目的】

(1) 了解点阵字符的产生和显示原理。

(2) 掌握开发系统的 16×16 LED 点阵的工作机理。

(3) 掌握在 FPGA 中 LED 点阵显示汉字的方法。

【实验原理】

本实验主要完成汉字字符在 LED 上的显示。16×16 LED 点阵的工作原理与扫描 8 位数码管类似，只是显示的方式与结果不一样而已。下面就开发系统的 16×16 LED 点阵的工件原理做一些简单的说明。

16×16 LED 点阵是由 256 个 LED 通过排列组合形成的 16 行×16 列的一个矩阵式的 LED 阵列，俗称 16×16 点阵。单个 LED 的电路如图 5.4.1 所示。

Rn　　　　Cn

图 5.4.1　单个 LED 电路图

由图 5.4.1 可知，当 Cn 输入一个低电平，同时 Rn 输入一个高电平时，电路形成一个回路，LED 点阵对应的这个点被点亮。

16×16 点阵是由 16 行和 16 列的 LED 组成的，其中每一行的所有 16 个 LED 的 Rn 端并联在一起，每一列的所有 16 个 LED 的 Cn 端并联在一起。16×16 LED 点阵电路如图 5.4.2 所示。

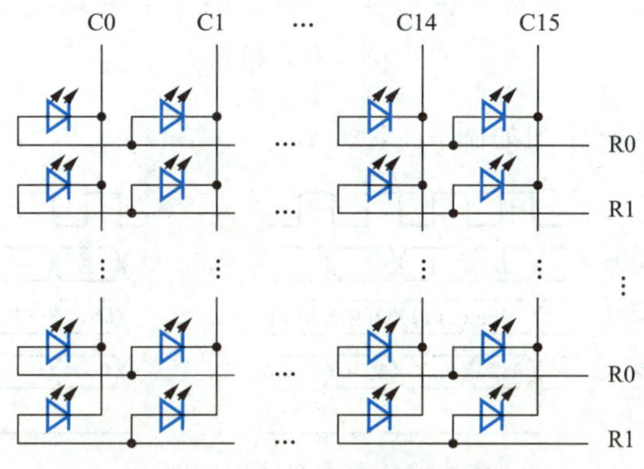

图 5.4.2　16×16 点阵电路原理图

由图 5.4.2 可知，给 Cn 端输入一个低电平，也就相当于给这一列所有的 LED 输入了一个低电平，这时只要本列某个 LED 的 Rn 输入一个高电平，对应的 LED 灯就会被点亮。

同理可知，给 Rn 端输入一个高电平，也就相当于给这一行所有 LED 输入了一个高电平，这时只要本行某个 LED 的 Cn 端输入一个低电平，对应的 LED 灯就会被点亮。在点阵上显示一定字符是根据其字符在点阵上显示的点的亮灭来表示的，如图 5.4.3 所示。

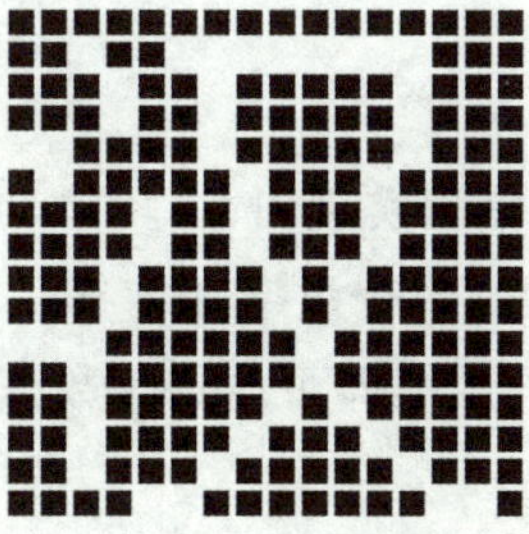

图 5.4.3　字符在点阵上的显示

在图 5.4.3 中,显示的是一个宋体的"汉"字。只要将被"汉"字所覆盖的区域的 LED 灯点亮,在点阵中就会显示一个"汉"字。根据前面所介绍的点阵显示的原理,当选中第 1 列后,C0 输入低电平,根据要显示汉字的第 1 列中所需要被点亮的点对应的 Rn 置为高电平,则在第 1 列中需要被点亮的点就会被点亮。依此类推,显示第 2 列、第 3 列……第 16 列中需要被点亮的点。根据人眼的视觉原理,将每一列显示的点的间隔时间设为一定的值,那么就会感觉显示一个完整的不闪烁的汉字。假设数据格式如图 5.4.4 所示,则可以知道第 1 列到第 16 列(列序号 0～15)对应的 16 个十六进制数依次是:0820,0620,403E,30C0,0301,4001,7802,4704,40C8,4030,40C8,4704,7802,0001,0001,0000。

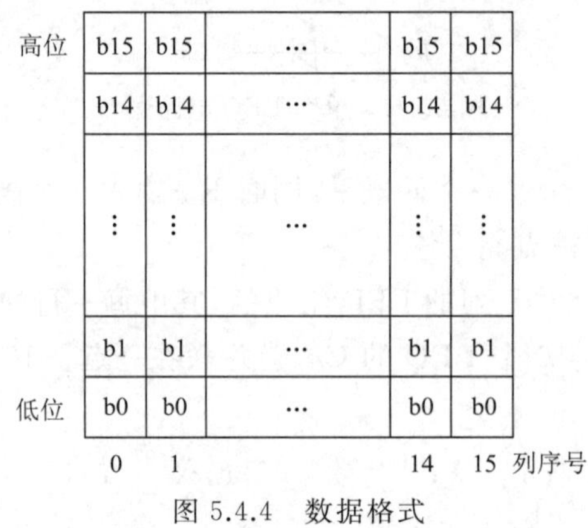

图 5.4.4　数据格式

"汉"字显示所需要的时序图如图 5.4.5 所示。

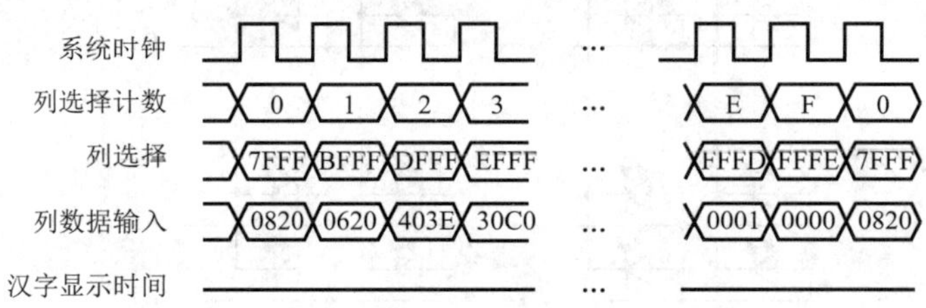

图 5.4.5　汉字显示时序图

在系统时钟的作用下,首先选取其中的第 1 列,输入数据让第 1 列的 LED 显示其数据(当为高电平时 LED 灯点亮,否则不点亮)。然后选取第 2 列来显示第 2 列的数据,一直到第 16 列。当完成一个 16×16 点阵的数据输入后,即列选择计数到最后一列后,再从第 1 列开始输入相同的数据。这样只要第 1 次显示第 1 列的数据和第 2 次显示第 1 列的数据的时间足够短,那么人的眼睛就会看到第 1 列的数据总是显示的,而没有停顿现象。同理,其他列也是这样,直到显示下一个汉字。

【实验内容】

本实验要求完成的任务是通过编程实现对 16×16 点阵的控制,在 LED 点阵上依次循环显示"欢迎使用 FPGA 实验系统"这几个汉字和字符。本实验的数据量不大,在程序中直接输入每个汉字对应的 16×16 点阵数据即可。点阵数据既可以由汉字的点阵手动得到,也可以由字模提取软件自动取得。

16×16 点阵的电路原理在前面已经做了详尽的说明。在实验系统中,16×16 点阵是由

4 个 8×8 点阵组成的，考虑到 LED 电流功耗与 FPGA 电流功耗的关系，在实验系统的电路中加入 4 片 74HC245 作为驱动电路，如图 5.4.6 所示。为了节省 FPGA 引脚资源，采用一片 4～16 译码芯片 XL4514 进行列选择，例如 C_0～C_3 输出为 0001，经过 4～16 译码后输出为 0000 0000 0000 0001，代表着选中了第一列。

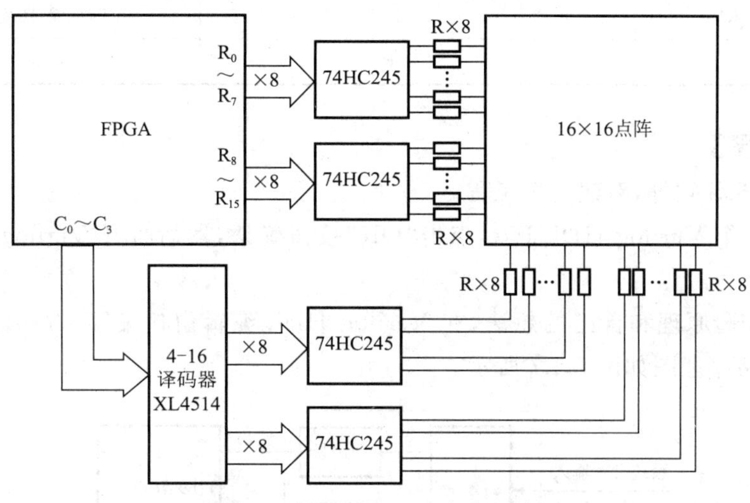

图 5.4.6　16×16 LED 点阵电路图

16×16 点阵与 FPGA 的引脚连接见表 5.4.1。

表 5.4.1　16×16 点阵与 FPGA 的引脚连接表

信号名称	对应 FPGA 引脚	说　明
DOT-C0	F17	列扫描通过 4-16 译码器实现
DOT-C1	G16	
DOT-C2	F16	
DOT-C3	H16	
DOT-R0	E16	点阵的第 1 行输入端口
DOT-R1	A17	点阵的第 2 行输入端口
DOT-R2	B17	点阵的第 3 行输入端口
DOT-R3	B18	点阵的第 4 行输入端口
DOT-R4	A18	点阵的第 5 行输入端口
DOT-R5	C18	点阵的第 6 行输入端口
DOT-R6	C17	点阵的第 7 行输入端口
DOT-R7	J16	点阵的第 8 行输入端口
DOT-R8	C10	点阵的第 9 行输入端口
DOT-R9	F12	点阵的第 10 行输入端口
DOT-R10	G12	点阵的第 11 行输入端口
DOT-R11	C13	点阵的第 12 行输入端口
DOT-R12	D13	点阵的第 13 行输入端口

续表

信号名称	对应 FPGA 引脚	说　明
DOT-R13	D15	点阵的第 14 行输入端口
DOT-R14	C15	点阵的第 15 行输入端口
DOT-R15	E15	点阵的第 16 行输入端口
CLK	B5	时钟为 50 MHz

【实验步骤】

(1) 打开 PDS 软件,新建一个工程。

(2) 新建一个 Verilog HDL File,点击“OK”按钮确认,然后打开 Verilog HDL 编辑器对话框。

(3) 按照实验原理和自己的想法,在 Verilog HDL 编辑窗口编写 Verilog HDL 程序。整个实验的电路原理图如图 5.4.7 所示。

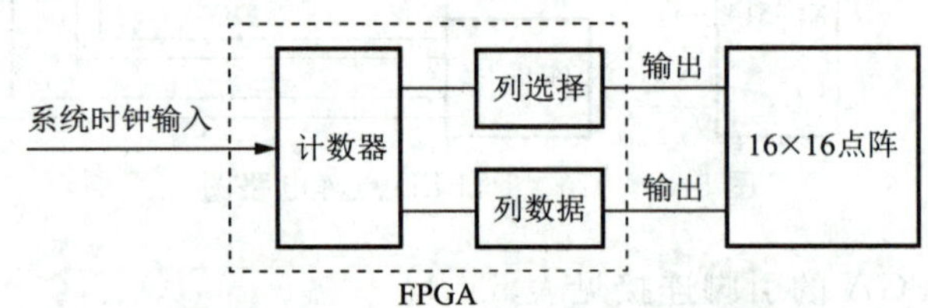

图 5.4.7　16×16 点阵显示的电路框图

(4) 将编写完的 Verilog HDL 程序保存起来,方法同实验 1。

(5) 对编写的 Verilog HDL 程序进行编译并仿真,对程序的错误进行修改。

(6) 编译仿真无误后,依照时钟、点阵与 FPGA 的引脚连接表 5.4.1 进行引脚分配。分配完成后,再进行全编译一次,以使引脚分配生效。

(7) 用下载电缆通过 JTAG 接口将对应的.sbit 文件下载到 FPGA 中,观察实验结果是否与自己的编程思路一致。

16×16 LED
点阵显示部分
参考程序

【实验结果与现象】

将数字信号源模块的时钟分频为 1 kHz,当设计文件下载到目标器件后,在 LED 点阵模块依次循环显示“欢迎使用 FPGA 实验系统”,每个字符的显示时间约为 0.5 s。

【实验报告要求】

(1) 试在该程序的基础上写出其他汉字的字模并在点阵上显示出来。

(2) 思考怎样让汉字旋转和左右移动。

(3) 思考怎样在 LED 点阵上显示图片。

实验 5　Verilog 语言层次化电路的设计

【实验目的】

(1) 熟练掌握 PDS 软件的功能。

（2）学习 Verilog 的层次化设计方法，实现 60 进制计数器。

（3）掌握 Modelsim 的仿真步骤和方法。

【实验原理】

在层次化的设计文件中，经常需要将实现的功能分成几个子功能，然后在主程序中分别调用代表子功能的子程序。通过这种方法，子程序的功能可以被高层设计重复调用。本实验的实验原理就是用 Verilog HDL 语言分别实现 50 MHz 信号源的分频、十进制、六进制模块，然后通过 PDS 软件合并成一个设计文件实现六十进制的功能。60 进制功能结构示意图如图 5.5.1 所示。

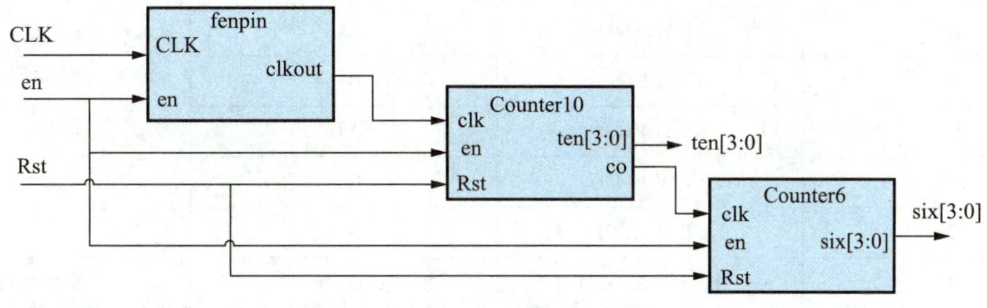

图 5.5.1　60 进制功能结构示意图

【实验内容】

在本实验中，时钟信号为 50 MHz，经过分频电路分频后得到一个较低的频率（1 Hz）作为计数器的时钟频率，然后进行计数器的加法运算，得到的值在数码管上显示出来。实验系统的数字时钟模块、按键开关、数码管与 FPGA 的接口电路，以及与 FPGA 的引脚连接在前面的实验中都做了详细说明，这里不再赘述。

【实验步骤】

（1）打开 PDS 软件，新建一个工程。

（2）选择 Project→Add Source→Add or create design source 命令，新建一个 Verilog 文件。点击“OK”按钮确认，然后点击保存按钮，弹出一个对话框，将新建的 Verilog 文件重命名为 fenpin.v，保存。在打开的文本编辑器中编写分频程序代码。

（3）选择 Project→Add Source→Add or create design source 命令，新建一个 Verilog 文件。点击“OK”按钮确认，然后点击保存按钮，弹出一个对话框，将新建的 Verilog 文件重命名为 counter10.v，保存。在打开的文本编辑器中编写十进制程序代码。

（4）选择 Project→Add Source→Add or create design source 命令，新建一个 Verilog 文件。点击“OK”按钮确认，然后点击保存按钮，弹出一个对话框，将新建的 Verilog 文件重命名为 counter6.v，保存。在打开的文本编辑器中编写十进制程序代码，

（5）选择 Project→Add Source→Add or create design source 命令，新建一个 Verilog 文件。点击“OK”按钮确认，然后点击保存按钮，弹出一个对话框，将新建的 Verilog 文件重命名为 sixty.v，保存。在打开的文本编辑器中编写六十进制程序代码。

（6）选择 Tools→User constraint Editor 命令，进行引脚绑定，步骤如实验 1 所述，具体引脚号见表 5.5.1。

（7）程序编写完后，点击保存按钮。如果有语法错误，则在主界面下侧会有对应的提

示,可以进行修改后再保存,然后右键点击“Generate Bitstream”,选择“Rerun all”进行重新编译(图 5.5.2),生成可下载文件。

表 5.5.1　端口引脚分配表

端口名	使用模块信号	对应 FPGA 引脚	说　明
CLK	数字信号源	B5	时钟为 50 MHz
A	STALED1A	B10	2 个数码管,每个数码管共4 位 8421BCD 码
B	STALED1B	A11	
C	STALED1C	B11	
D	STALED1D	A10	
A	STALED2A	B12	
B	STALED2B	A14	
C	STALED2C	B14	
D	STALED2D	A12	
EN	按键开关 SW1	U11	使能信号
RET	按键开关 SW2	U12	复位信号

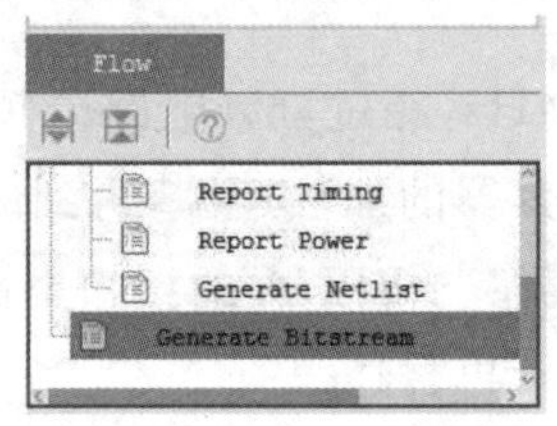

图 5.5.2　重新编译界面

(8) 仿真程序编写:选择 Project→Add Source→Add or create simulation source 命令,新建一个 Verilog 文件。点击“OK”按钮确认,然后点击保存按钮,弹出一个对话框,重命名为 vtf_sixty.v,保存。在打开的文本编辑器中编写 60 进制仿真程序代码。

(9) 用鼠标右击仿真文件并在下拉菜单中选择“Run Behavior Simulation”。如果没有错误,PDS 会自动调用 Modelsim 仿真软件开始工作。弹出的仿真界面如图 5.5.3 所示。

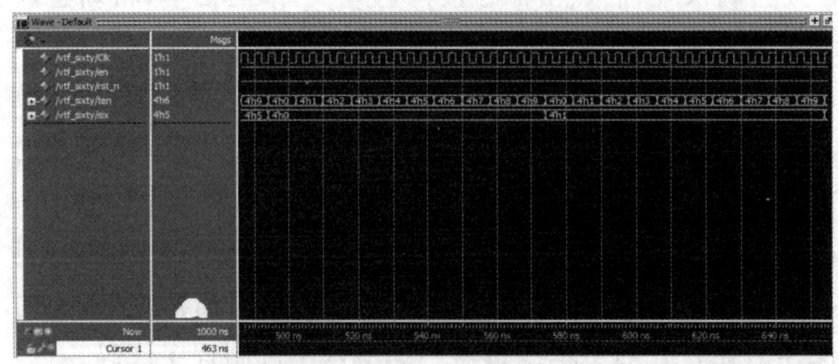

图 5.5.3　仿真波形界面

(10) 用下载电缆通过 JTAG 口将生成的后缀为.sbit 文件加载到 FPGA 中,观察实验结果是否与自己的编程思想一致。

【实验现象与结果】

以设计的参考示例为例，当设计文件加载到目标器件后，2 个数码管按一定的速率开始显示数字 0～59，按复位键后显示的数值又从 0 开始。

Verilog语言层次化电路设计

【选做内容】

将以上 60 进制从 2 个独立数码管上显示改为在 4 位一体的 8 位数码管上显示。

【实验报告要求】

(1) 绘出仿真波形并进行说明。

(2) 将实验原理、设计过程、编译仿真波形和分析结果、硬件测试结果记录下来。

部分示例程序(输出显示在带译码功能的 2 个独立数码管上)：

1) 分频模块

```
module fenpin(Clk,en,clkout);
input Clk;
input en;
output clkout;
reg clkout;
reg [31:0] Cout;      //always 语句里赋值需要定义为 reg 类型
reg Clk_En;      //always 语句里赋值需要定义为 reg 类型

always @(posedge Clk)
begin
if(! en)
Cout<=0;
else
begin
//Cout<=(Cout==32'd50000_000) ? 32'd0:(Cout + 32'd1);
//Clk_En<=(Cout>=32'd25000_000) ? 1'd1:1'd0;
//把脉冲源 50 MHz 分频为 1 Hz
Cout<=(Cout==32'd1) ? 32'd0:(Cout + 32'd1);
Clk_En<=(Cout>32'd0) ? 1'd1:1'd0;
//注:如果用软件进行仿真,则没有必要进行 50 MHz 分频,把对应的程序改为 2 分频
  即可
clkout<=Clk_En;
end
end
endmodule
```

2）十进制模块

```
module counter10(clk,en,rst,ten,co);
input clk,en,rst;
output [3:0] ten;
output co;
wire clk,en,rst,co;
reg [3:0] ten;
assign co=en&(ten==4'b1001);
always @(negedge clk or negedge rst)
begin
if(! rst)
     ten<=4'b0;
else if(! en)
     ten<=ten;
else if(ten<4'b1001)
     ten<=ten+4'b1;
else
     ten<=4'b0;
end
endmodule
```

3）六进制模块

```
module counter6(clk,en,rst,six);
input clk,en,rst;
output [3:0] six;
wire clk,en,rst;
reg [3:0] six;
always @(negedge clk or negedge rst)
begin
if(! rst)
     six<=4'b0;
else if(! en)
     six<=six;
else if(six<4'b0101)
     six<=six+4'b1;
else
     six<=4'b0;
end
```

```
endmodule
```

4）主模块

```
module sixty(
input Clk,
input en,
input rst,
output [3:0] ten,
output [3:0] six
);
wire clk_fenpin;
wire co;
fenpin fp(
.Clk(Clk),
.en(en),
.clkout(clk_fenpin)
);
counter10 conter10(
.clk(clk_fenpin),
.en(en),             //如果为.en(1'b1)，即使能信号赋值为常数 1'b1,使能一直有效
.rst(rst),
.ten(ten),
.co(co)
);
counter6 conter6(
.clk(co),
.en(en),
.rst(rst),
.six(six)
);
endmodule
```

5）Modelsim 仿真程序

```
'timescale 1 ns/1 ns
module vtf_sixty;
//输入
reg Clk;
reg en;
reg rst_n;
```

```
//输出
wire [3:0] ten;
wire [3:0] six;
//实例化测试单元 (UUT)
sixty uut(
.Clk(Clk),
.en(en),
.rst(rst_n),
.ten(ten),
.six(six)
);

initial begin
//输入初始化
Clk=0;
rst_n=0;
en=0;
#10 en=1;  //延时10ns后,en赋值1
#10 rst_n=1;  //再延时10ns后,rst_n赋值1
end
always #2 Clk=~Clk;  //2ns,
endmodule
```

综合实验 第6章

实验1 基于Verilog的表决器设计

【实验目的】

(1) 熟悉Verilog的编程。

(2) 熟悉5人表决器的工作原理。

(3) 进一步了解实验系统的硬件结构。

【实验原理】

所谓表决器，就是对于一个行为，需要由多个人投票，如果同意的票数过半，则认为此行为可行；如果否决的票数过半，则认为此行为无效。

5人表决器顾名思义就是由5个人来投票，当同意的票数大于或者等于3时，则认为同意；反之，当否决的票数大于或者等于3时，则认为不同意。实验中用5个拨动开关来表示5个人，当对应的拨动开关输入为“1”时，表示此人同意；否则若拨动开关输入为“0”，则表示此人反对。表决的结果用一个LED灯表示，若表决的结果为同意，则LED灯被点亮；否则，LED灯不会被点亮。同时，数码管上显示通过的票数。

【实验内容】

本实验就是利用实验系统中的拨动开关模块和LED模块以及数码管模块来实现一个简单的5人表决器的功能。拨动开关模块中的K1～K5表示5个人，当拨动开关输入为“1”时，表示对应的人投同意票，而当拨动开关输入为“0”时，表示对应的人投反对票；LED模块中LED1表示5个人表决的结果，当LED1灯点亮时，表示此行为通过表决，而当LED1灯熄灭时，表示此行为未通过表决。同时，通过的票数在数码管上显示出来。

本实验中数码管、LED、拨动开关与FPGA的连接电路和引脚连接在之前的实验中都做了详细说明，这里不再赘述。

【实验步骤】

(1) 打开PDS软件，新建一个工程。

(2) 新建一个Verilog File，打开Verilog编辑器对话框。

(3) 按照实验原理和自己的想法，在Verilog编辑窗口编写Verilog程序。

(4) 将编写完的Verilog程序保存起来，方法同基础实验部分的实验1。

(5) 对编写的Verilog程序进行编译并仿真，对程序的错误进行修改。

(6) 编译和仿真无误后，依照拨动开关、LED、数码管与FPGA的引脚连接表进行引脚分配。表6.1.1是示例程序的引脚分配表。分配完成后，再进行一次全编译，以使引脚分配生效。

表 6.1.1 端口引脚分配表

端口名	使用模块信号	对应 FPGA 引脚	说　明
1	拨动开关 K1	U11	5 位投票人的表决器
K2	拨动开关 K2	U12	
K3	拨动开关 K3	U13	
K4	拨动开关 K4	U14	
K5	拨动开关 K5	U15	
m_Result	LED 模块 LED1	V10	表决结果亮为通过
LEDAG0	带译码独立 7 段数码管	B10	表决通过的票数
LEDAG1		A11	
LEDAG2		B11	
LEDAG3		A10	

(7) 用下载电缆通过 JTAG 口将对应的.sbit 文件加载到 FPGA 中。观察实验结果是否与自己的编程思路一致。

【实验结果与现象】

当设计文件加载到目标器件后，拨动实验系统中拨动开关模块的 K1～K5 这 5 个拨动开关，如果拨动开关的值为“1”(即拨动开关的开关置于上端，表示此人通过表决)的个数大于或等于 3，则 LED 模块的 LED1 灯被点亮，否则 LED1 灯不被点亮。同时，数码管上显示通过表决的人数。

【实验报告要求】

(1) 绘出仿真波形并进行说明。

(2) 将实验原理、设计过程、编译仿真波形和分析结果、硬件测试结果记录下来。

(3) 试在此实验的基础上增加一个表决的时间，使只在这一时间内的表决结果有效。

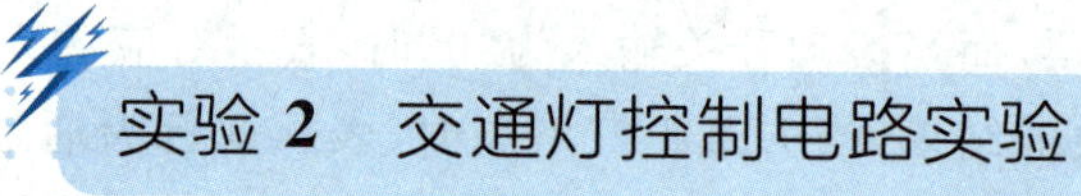

实验 2　交通灯控制电路实验

【实验目的】

(1) 了解交通信号灯的亮灭规律。

(2) 了解交通信号灯控制器的工作原理。

(3) 熟悉 Verilog 语言编程，了解实际设计中的优化方案。

【实验原理】

交通信号灯的显示有很多方式，如十字路口、丁字路口等，而对于同一个路口又有很多不同的显示要求，比如十字路口，如果只要求车辆东西和南北方向通行就很简单，而如果要求车子还可以左右转弯则会比较复杂。本实验仅针对最简单的南北和东西向直行的情况。

要完成本实验，首先必须了解交通信号灯的亮灭规律。本实验需要用到实验箱上交通信号灯模块中的发光二极管，即红、黄、绿各 3 个。按照交通规则，“红灯停，绿灯行，黄灯提醒”。交通信号灯的亮灭规律为：初始时两个方向的红灯全亮；之后，东西方向的绿灯亮，南北方向的红灯亮，东西方向通车；延时一段时间后，东西方向的绿灯灭，黄灯开始闪烁，闪烁若干次后，东西方向的红灯亮，同时南北方向的绿灯亮，南北方向开始通车；再延时一段时间后，南北方向的绿灯灭，黄灯开始闪烁，闪烁若干次后，南北方向的红灯亮，同时东西方向的绿灯亮；之后，重复上述过程。

在实验中使用 8 个 7 段数码管中的任意 4 个数码管分别显示两个方向的时间。东西方向和南北方向的通车时间均设定为 30 s。数码管的时间总是显示为 29,28,27,…,2,1,0,29,28,…，在显示时间小于 3 s 的时候，通车方向的黄灯闪烁。

【实验内容】

本实验的任务就是设计一个简单的交通信号灯控制器。交通信号灯的显示用实验系统的交通信号灯模块和 7 段数码管中的任意 2 个来显示。系统时钟选择时钟模块的 50 MHz 时钟，黄灯闪烁时钟要求为 2 Hz，7 段数码管的时间显示为 1 Hz 脉冲，即每秒递减一次。在显示时间小于 3 s 的时候，通车方向的黄灯以 2 Hz 的频率闪烁。系统中用 S1 按键进行复位。

实验系统中用到的数字时钟模块、按键开关、数码管与 FPGA 的接口电路，以及数字时钟源、按键开关、数码管与 FPGA 的引脚连接在之前的实验中都做了详细说明，这里不再赘述。交通信号灯模块的电路原理与 LED 灯模块的电路原理一致，当有高电平输入时 LED 灯被点亮，反之则不亮，只是 LED 发出的光有颜色之分。输出信号与 FPGA 的引脚连接见表 6.2.1。

【实验步骤】

(1) 打开 PDS 软件，新建一个工程。

(2) 新建一个 Verilog File，打开 Verilog 编辑器对话框。

(3) 按照实验原理和自己的想法，在 Verilog 编辑窗口编写 Verilog 程序。

(4) 将编写完的 Verilog 程序保存起来，方法同基础实验部分的实验 1。

(5) 对编写的 Verilog 程序进行编译并仿真，对程序的错误进行修改，直到完全通过。

(6) 编译和仿真无误后，依照按键开关、数字信号源、数码管与 FPGA 的引脚连接表或参照附录进行引脚分配。表 6.2.1 给出了示例程序的引脚分配。分配完成后，再进行一次全编译，以使引脚分配生效

表 6.2.1　端口引脚分配表

端口名	使用模块信号	对应 FPGA 引脚	说　明
CLK	数字信号源	B5	时钟为 50 MHz
RST	按键开关 S1	U11	复位信号
LED_WR	交通灯模块西向红色	G18	交通信号灯
LED_WY	交通灯模块西向黄色	H17	
LED_WG	交通灯模块西向绿色	H18	
LED_NR	交通灯模块北向红色	K17	
LED_NY	交通灯模块北向黄色	K18	

续表

端口名	使用模块信号	对应 FPGA 引脚	说 明
LED_NG	交通灯模块北向绿色	M18	
LED_ER	交通灯模块东向红色	U16	
LED_EY	交通灯模块东向黄色	V16	
LED_EG	交通灯模块东向绿色	T16	交通信号灯
LED_SR	交通灯模块南向红色	R16	
LED_SY	交通灯模块南向黄色	R15	
LED_SG	交通灯模块南向绿色	G17	
DISPLAY0	数码管 a 段	B15	
DISPLAY1	数码管 b 段	A15	
DISPLAY2	数码管 c 段	B16	
DISPLAY3	数码管 d 段	A16	
DISPLAY4	数码管 e 段	D17	
DISPLAY5	数码管 f 段	D18	通行时间显示
DISPLAY6	数码管 g 段	E18	
SEG-SEL0	位选 sel0	G13	
SEG-SEL1	位选 sel1	H14	
SEG-SEL2	位选 sel2	H13	

(7) 用下载电缆通过 JTAG 口将对应的.sbit 文件加载到 FPGA 中，观察实验结果是否与自己的编程思路一致。

交通灯控制电路实验参考代码

【实验结果与现象】

当设计文件加载到目标器件后，将系统时钟 50 MHz 分频为 1 kHz。交通信号灯模块的红、绿、黄 LED 发光管会模拟实际交通信号灯的变化。此时，数码管上显示通行时间的倒计时。当倒计时到 3 s 时黄灯开始闪烁，到 0 s 时红、绿灯开始转换，倒计时的时间恢复至 30 s。按下按键开关 S1，则从头开始显示和计数。

【实验报告要求】

(1) 绘出仿真波形并进行说明。

(2) 试编写能手动控制交通信号灯通行时间的交通信号灯控制器。

(3) 将实验原理、设计过程、编译仿真波形和分析结果、硬件测试结果记录下来。

实验 3　多功能数字钟设计

【实验目的】

(1) 了解数字钟的工作原理。

(2) 进一步熟悉用 Verilog 语言编写驱动 7 段数码管显示的代码。

(3) 掌握 Verilog 编写中的一些小技巧。

【实验原理】

多功能数字钟应该具有的功能包括：显示小时-分钟-秒、整点报时、小时和分钟可调等。钟表的工作机理：整个钟表的工作是在 1 Hz 信号的作用下进行的，每来一个时钟信号，秒增加 1 s；当秒从 59 s 跳转到 00 s 时，分钟增加 1 min；当分钟从 59 min 跳转到 00 min 时，小时增加 1 h。需要注意的是，小时的范围是从 0～23 h。

为了显示方便，由于分钟和秒显示的数据范围都是从 0～59，所以可以用一个 3 位的二进制码显示十位，用一个 4 位的二进制码（BCD 码）显示个位；对于小时，因为它的范围是从 0～23，所以可以用一个 2 位的二进制码显示十位，用一个 4 位的二进制码（BCD 码）显示个位。

实验中 7 段数码管是以扫描的方式显示的，虽然时钟需要的是 1 Hz 时钟信号，但是扫描需要一个比较高频率的信号，因此为了得到准确的 1 Hz 信号，必须对输入的系统时钟进行分频。

对于整点报时功能，本实验的设计是当整点的倒计时为 10 s 时，让 LED 灯闪烁来进行整点报时的提示。

【实验内容】

本实验的任务是设计一个多功能数字钟，要求显示格式为小时-分钟-秒，整点报时，报时时间为 10 s，即从整点前 10 s 开始进行报时提示，LED 灯开始闪烁，过整点后停止闪烁。系统时钟选择时钟模块的 50 MHz，要得到 1 Hz 时钟信号，必须对系统时钟进行分频。调节时间的按键使用按键开关 S1 和 S2：用 S1 调节小时，每按下一次，小时增加 1 h；用 S2 调节分钟，每按下一次，分钟增加 1 min。另外，用按键开关 S6 作为系统时钟复位，复位后全部显示 00-00-00。

实验箱中用到的数字时钟模块、按键开关、LED 灯、数码管与 FPGA 的接口电路及与 FPGA 的引脚连接在之前的实验中都做了详细说明，这里不再赘述。

【实验步骤】

(1) 打开 PDS 软件，新建一个工程。

(2) 新建一个 Verilog File，打开 Verilog 编辑器对话框。

(3) 按照实验原理和自己的想法，在 Verilog 编辑窗口编写 Verilog 程序。

(4) 将编写完的 Verilog 程序保存起来，方法同基础实验部分的实验 1。

(5) 对编写的 Verilog 程序进行编译并仿真，对程序的错误进行修改，直到完全通过编译和仿真。

(6) 编译和仿真无误后，依照按键开关、数码管、LED 灯与 FPGA 的引脚连接表或参照附录进行引脚分配。表 6.3.1 是示例程序的引脚分配表。分配完成后，再进行一次全编译，以使引脚分配生效。

表 6.3.1　端口引脚分配表

端口名	使用模块信号	对应 FPGA 引脚	说　明
CLK	数字信号源	B5	时钟为 50 MHz
S1	按键开关 S1	U11	调整小时
S2	按键开关 S2	U12	调整分钟

续表

端口名	使用模块信号	对应 FPGA 引脚	说　明
RST	按键开关 S6	N13	复位信号
LED0	LED 灯模块 LED1	V10	整点倒计时
LED1	LED 灯模块 LED2	V11	
LED2	LED 灯模块 LED3	V12	
LED3	LED 灯模块 LED4	V13	
DISPLAY0	数码管 a 段	B15	时间显示
DISPLAY 1	数码管 b 段	A15	
DISPLAY 2	数码管 c 段	B16	
DISPLAY 3	数码管 d 段	A16	
DISPLAY 4	数码管 e 段	D17	
DISPLAY 5	数码管 f 段	D18	
DISPLAY 6	数码管 g 段	E18	
SEG-SEL0	位选 sel0	G13	
SEG-SEL1	位选 sel1	H14	
SEG-SEL2	位选 sel2	H13	

(7) 用下载电缆通过 JTAG 口将对应的.sbit 文件加载到 FPGA 中，观察实验结果是否与自己的编程思路一致。

【实验结果与现象】

当设计文件加载到目标器件后，数码管开始显示时间，从 00-00-00 开始。在整点的前 10 s，LED 模块的 LED1～LED5 灯开始闪烁。一旦超过整点，LED 停止显示。按动按键开关 S1 和 S2，小时和分钟开始步进，进行时间的调整。按下按键开关 S6，显示恢复到 00-00-00，重新开始显示时间。

【实验报告】

(1) 绘出仿真波形并进行说明。

(2) 将实验原理、设计过程、编译仿真波形和分析结果、硬件测试结果记录下来。

(3) 在此实验的基础上试用其他方法实现数字钟的功能，并增加其他功能。

实验 4　基于 Verilog 的数码锁设计

【实验目的】

(1) 了解数码锁的工作原理。

(2) 了解数码锁的实现方法。

(3) 进一步掌握 4×4 键盘扫描的实现过程。

【实验原理】

数码锁又称密码锁，对于使用密码锁的门，只要将密码正确输入，就可以开门，因此密码锁的核心问题就是密码的比对问题。

假如密码锁有6位，那么在系统复位后，用户按键6次输入一个完整的密码数字串，然后系统进行比对，如果发现输入的密码数字串与设定密码吻合，则开门，否则要求用户继续输入；如果连续3次输入的密码串都是错误的，则系统报警，直到输入正确的密码串，报警停止。

实验中需要用到4×4键盘，用于用户输入密码。系统需要完成4×4键盘的扫描，确定有键按下后获取其键值，并对其进行编码，从而进行按键的识别，同时将相应的按键值进行显示。键盘扫描的实现过程如下：对于4×4键盘，通常连接为4行、4列，因此要识别按键，只需要知道是哪一行和哪一列即可。为了完成这一识别过程，首先输出4列中的第一列为低电平，其他列为高电平，然后读取行值；再输出4列中的第二列为低电平，读取行值；依此类推，不断循环。系统在读取行值的时候会自动判断，如果读取的行值全部为高电平，则说明没有按键按下；如果发现读取的行值不全为高电平，则说明键盘整列中必定有至少一个按键按下，读取此时的行值和当前的列值，即可判断到当前的按键位置。获取到行值和列值以后，组合成一个8位的数据，根据实现的不同编码再对每个按键进行匹配，找到键值后在7段数码管上显示。

【实验内容】

本实验需要完成的任务就是设计一个密码锁，考虑到系统中有键盘扫描、7段数码管显示和报警，系统时钟选择时钟模块的50 MHz时钟。键盘扫描和显示均采用1 kHz(对系统时钟进行分频)。输入密码时，7段数码管从右至左显示按键对应的数值，每按键(0～9)一次，显示左移一次。6次密码输入结束后系统开始校验。校验结束后，7段数码管全灭。也就是说，显示部分维持的时间就是按键6次的时间和校验的时间。密码输入连续3次错误则开始报警。实验中要求用LED模块的LED1灯指示键盘状态，如果有按键按下，则LED1灯亮起，直到松开该按键；用LED2灯指示门的状态，也就是密码校验结果，如果密码校验正确，则LED2灯亮起，否则LED2灯闪烁4次，然后熄灭，表明密码错误。系统的复位采用SW1。复位时，7段数码管全部熄灭。

实验箱中用到的数字时钟模块、按键开关、LED、数码管、键盘阵列与FPGA的接口电路，以及与FPGA的引脚连接在以前的实验中都做了详细说明，这里不再赘述。

【实验步骤】

(1) 打开PDS软件，新建一个工程。

(2) 新建一个Verilog File，打开Verilog编辑器对话框。

(3) 按照实验原理和自己的想法，在Verilog编辑窗口编写Verilog程序。

(4) 将编写完的Verilog程序保存起来，方法同基础实验部分的实验1。

(5) 对编写的Verilog程序进行编译并仿真，对程序的错误进行修改，直到完全通过编译和仿真。

(6) 编译和仿真无误后，依照所用各模块与FPGA的引脚连接表或参照附录进行引脚分配。表6.4.1是示例程序的引脚分配表。分配完成后，再进行一次全编译，以使引脚分配生效。

表 6.4.1　端口引脚分配表

端口名	使用模块信号	对应 FPGA 引脚	说　明
CLK	数字信号源	B5	时钟为 50 MHz
RST	复位按键	U11	复位信号
KR0	4×4 矩阵键盘 R0	R13	矩阵键盘行信号
KR1	4×4 矩阵键盘 R1	P12	
KR2	4×4 矩阵键盘 R2	P11	
KR3	4×4 矩阵键盘 R3	T11	
KC0	4×4 矩阵键盘 C0	R14	矩阵键盘列信号
KC1	4×4 矩阵键盘 C1	P13	
KC2	4×4 矩阵键盘 C2	P14	
KC3	4×4 矩阵键盘 C3	T13	
KEY-STATE	LED1 灯	V10	
DOOR	LED2 灯	V11	
DISPLAY0	数码管 a 段	B15	时间显示
DISPLAY 1	数码管 b 段	A15	
DISPLAY 2	数码管 c 段	B16	
DISPLAY 3	数码管 d 段	A16	
DISPLAY 4	数码管 e 段	D17	
DISPLAY 5	数码管 f 段	D18	
DISPLAY 6	数码管 g 段	E18	
SEG-SEL0	位选 sel0	G13	
SEG-SEL1	位选 sel1	H14	
SEG-SEL2	位选 sel2	H13	

(7) 用下载电缆通过 JTAG 口将对应的.sbit 文件加载到 FPGA 中,观察实验结果是否与自己的编程思路一致。

【实验结果与现象】

以设计的参考示例为例,当设计文件加载到目标器件后,按下矩阵键盘的数字键,在数码管上将依次显示按下的键值。每按下一个键,LED1 灯就闪一次。如果输入的数据与程序设定的数据相同,则 LED2 灯被点亮;如果不相同,则 LED2 灯闪烁。

【实验报告】

(1) 绘出仿真波形并进行说明。

(2) 将实验原理、设计过程、编译仿真波形和分析结果、硬件测试结果记录下来。

(3) 在此实验的基础上试用其他的方法实现数码锁的功能,并增加其他功能。

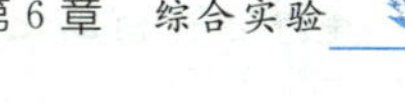

实验 5 数字秒表设计

【实验目的】

(1) 了解数字秒表的工作原理。

(2) 进一步熟悉用 Verilog 语言编写驱动 7 段数码管显示的代码。

(3) 掌握 Verilog 编写过程中的一些小技巧。

【实验原理】

秒表由于具有计时精确、分辨率高(0.01 s)的优点,在各种竞技场所得到了广泛的应用。

秒表的工作原理与多功能时钟基本相同,唯一不同的是由于秒表的计时时钟信号的分辨率为 0.01 s,所以整个秒表的工作时钟是在 100 Hz 的时钟信号下完成的。当秒表的计时小于 1 h 时,显示的格式是 mm-ss-xx(mm 表示分钟:00～59;ss 表示秒:00～59;xx 表示百分之一秒:00～99)。当秒表的计时大于或等于 1 h 时,显示的格式和多功能时钟是一样的,就是 hh-mm-ss(hh 表示小时:00～99)。由于秒表的功能和钟表的有所不同,所以秒表的 hh 表示的范围不是 00～23,而是 00～99,这也是和多功能时钟不一样的地方。

在设计秒表的时候,时钟的选择为 100 Hz。变量的选择:因为 xx(百分之一秒)和 hh(小时)表示的范围都是 00～99,所以用两个 4 位二进制码(BCD 码)表示;而 ss(秒钟)和 mm(分钟)表示的范围是 00～59,所以用一个 3 位的二进制码和一个 4 位的二进制码(BCD 码)表示。显示的时候要注意的问题就是小时的判断,如果小时是 00,则显示格式为 mm-ss-xx;如果小时不为 00,则显示格式为 hh-mm-ss。

【实验内容】

本实验的任务就是设计一个秒表,系统时钟为 50 MHz,由于计时时钟信号为 100 Hz,所以需要对系统时钟进行分频才能得到。另外,为了控制方便,需要一个复位按键、启动计时按键和停止计时按键。分别选用实验箱按键模块的 S1,S2 和 S3 作为复位按键、启动计时按键和停止计时按键。按下 S1,系统复位,所有寄存器全部清零;按下 S2,秒表启动计时;按下 S3,秒表停止计时,并且 7 段码管显示当前计时时间;如果再次按下 S2,则秒表继续计时,除非按下 S1 系统才能复位。实现过程中显示全部为 00-00-00。

实验箱中用到的数字时钟模块、按键开关、LED、数码管与 FPGA 的接口电路,以及它们与 FPGA 的引脚连接在以前的实验中都做了详细说明,这里不在赘述。

【实验步骤】

(1) 打开 PDS 软件,新建一个工程。

(2) 新建一个 Verilog File,打开 Verilog 编辑器对话框。

(3) 按照实验原理和自己的想法,在 Verilog 编辑窗口编写 Verilog 程序。

(4) 对编写的 Verilog 程序进行编译并仿真,对程序的错误进行修改。

(5) 编译和仿真无误后,依照拨动开关、LED 与 FPGA 的引脚连接表或参照附录进行引脚分配。表 6.5.1 是示例程序的引脚分配表。分配完成后,再进行全编译一次,以使引脚分配生效。

表 6.5.1 端口引脚分配表

端口名	使用模块信号	对应 FPGA 引脚	说 明
CLK	数字信号源	B5	时钟为 50 MHz
START	按键开关 S1	U11	复位信号
OVER	按键开关 S2	U12	秒表开始计数
RESET	按键开关 S3	U13	秒表停止计数
LEDAG0	数码管 a 段	B15	秒表计数结果输出
LEDAG1	数码管 b 段	A15	
LEDAG2	数码管 c 段	B16	
LEDAG3	数码管 d 段	A16	
LEDAG4	数码管 e 段	D17	
LEDAG5	数码管 f 段	D18	
LEDAG6	数码管 g 段	E18	
SEL0	位选 sel0	G13	
SEL1	位选 sel1	H14	
SEL2	位选 sel2	H13	

(6) 用下载电缆通过 JTAG 口将对应的.sbit 文件加载到 FPGA 中,观察实验结果是否与自己的编程思路一致。

【实验结果与现象】

当设计文件加载到目标器件后,设计的数字秒表从 00-00-00 开始计时,直到按下停止按键(按键开关 S2),数码管停止计秒。按下开始按键(按键开关 S1),数码管继续进行计秒。按下复位按键(按键开关 S3),秒表从 00-00-00 重新开始计秒。

【实验报告】

(1) 绘出仿真波形并进行说明。

(2) 将实验原理、设计过程、编译仿真波形和分析结果、硬件测试结果记录下来。

实验 6 基于 FPGA 的频率计设计

【实验目的】

(1) 学习频率计的工作原理。

(2) 学习如何设计和开发一个基于 FPGA 的频率计系统。

(3) 学习掌握用 Verilog 编写复杂功能模块。

(4) 学习数字状态机在系统设计中的应用。

【实验原理】

频率计是一种用于测量信号频率的仪器。在本实验中将使用 FPGA 实验系统来设计和实现一个简单的频率计系统。频率计的主要部件是一个带有闸门信号控制端的计数器,即测量计数器。当闸门信号打开,即为高电平时,测量计数器开始接收被测信号,并对被测

信号的输入脉冲个数进行加法计数;当闸门信号关闭时,测量计数器停止计数,并将所计数的输入脉冲个数进行锁存,用以显示输出。用闸门信号打开时,用测量计数器所计数的被测信号输入脉冲个数除以闸门信号打开的时间,就可以得到被测信号的频率,即 $f=\frac{\text{被测信号输入脉冲个数 } n}{\text{闸门打开时间 } t}$。为了简化分析计算,通常将闸门信号打开的时间设定为 1 s,并将测量计数器的计数值以 8421BCD 码的形式输出,以便可以通过 7 段数码管直观地显示出来。

【实验步骤】

(1) 打开 PDS 软件,创建一个新的 FPGA 项目。

(2) 设计硬件电路,包括计时器、计数器和输出接口模块的设计。在本实验中,可以使用 FPGA 实验系统提供的计时器和计数器模块,并将它们连接到输出接口模块中。

(3) 编写 FPGA 电路的源代码,使用 Verilog 语言进行编码,并将其编译成可执行文件。编译和仿真无误后,依照拨动开关、LED 与 FPGA 的引脚连接表或参照附录进行引脚分配。表 6.6.1 是示例程序的引脚分配表。分配完成后,再进行一次全编译,以使引脚分配生效。

表 6.6.1 端口引脚分配表

端口名	使用模块信号	对应 FPGA 引脚	说 明
CLK	数字信号源	B5	时钟为 50 MHz
START	按键开关 S1	U11	开 始
OVER	按键开关 S2	U12	结 束
RESET	按键开关 S3	U13	复 位
LEDAG0	数码管 a 段	B15	频率计结果输出
LEDAG1	数码管 b 段	A15	
LEDAG2	数码管 c 段	B16	
LEDAG3	数码管 d 段	A16	
LEDAG4	数码管 e 段	D17	
LEDAG5	数码管 f 段	D18	
LEDAG6	数码管 g 段	E18	
SEL0	位选 sel0	G13	
SEL1	位选 sel1	H14	
SEL2	位选 sel2	H13	

(4) 将编译好的可执行文件通过 JTAG 下载到 FPGA 实验系统中,并在 FPGA 实验系统中运行。

(5) 将外部信号输入到 FPGA 实验系统中,并通过外部设备接收 FPGA 实验系统输出的频率结果。

(6) 通过观察输出结果和与预期结果对比,测试 FPGA 实验系统中的频率计模块。

【实验结果】

经过测试，在FPGA实验系统中实现了一个简单的频率计系统。该系统可以测量外部信号的频率，并通过外部设备输出结果。通过观察外部设备的显示，可以验证频率计系统的功能和精度。

【实验报告】

(1) 绘出仿真波形并进行说明。

(2) 将实验原理、设计过程、编译仿真波形和分析结果、硬件测试结果记录下来。

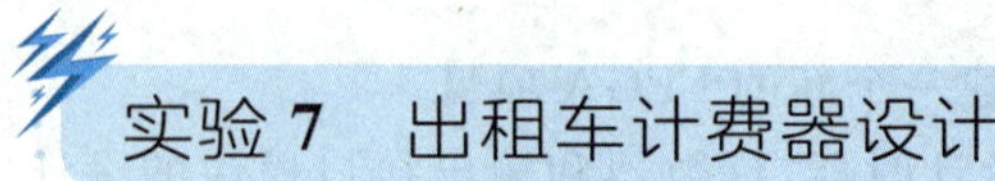

实验7　出租车计费器设计

【实验目的】

(1) 了解出租车计费器的工作原理。

(2) 学会用Verilog语言编写正确的7段数码管显示程序。

(3) 学习并掌握用Verilog编写复杂功能模块。

(4) 学习数字状态机在系统设计中的应用。

【实验原理】

出租车计费器一般都是按公里(千米)计费，通常是起步价×元(即×元可以行走×km)，然后是加上×元/km。因此，要完成一个出租车计费器设计，需要两个计数单位，其中一个用来计行驶里程，另外一个用来计费用。通常在出租车的车轮上都装有传感器，用来记录车轮转动的圈数，而车轮的周长是固定的，因此知道了圈数自然也就知道了行驶里程。在本实验中，要模拟出租车计费器的工作过程，利用外部的脉冲源或者内部分频产生的脉冲模拟出租车的车轮，结果的显示采用8个7段码管，其中前4个显示里程，后4个显示费用。

在设计Verilog程序时，首先在复位信号的作用下将所有用到的寄存器进行清零，然后开始设定起步价记录状态。在此状态下，在起步价规定的里程里都一直显示起步价，直到路程超过起步价规定的里程，系统才转移到每千米计费状态，此时每增加1 km，计费器增加相应的费用。

为了便于显示，在程序编写过程中数据用BCD码来显示，这样就不存在数据格式转换的问题。比如表示一个3位数，可分别用4位二进制码来表示，当个位数字累加大于9时，将其清零，同时十位数字加1，并依此类推。

【实验内容】

本实验的任务就是设计一个简单的出租车计费器，要求起步价为3元，准行1 km，之后费用是1元/km。显示部分的7段数码管扫描时钟选择分频后的1 kHz，另外用按键模块的S1作为整个系统的复位按钮，每复位一次，计费器从头开始计费。利用外部的脉冲源或者内部分频产生的脉冲模拟出租车的车轮，每一个脉冲认为是行走1 m，所以每旋转1 000圈认为车子前进1 km。系统设计时需要检测电动机的转动情况，每转一周，计数器增加1。7段数码管显示要求为前4个显示里程，后4个显示费用。

实验系统中用到的数字时钟模块、按键开关、数码管与FPGA的接口电路，以及它们与FPGA的引脚连接在之前的实验中都做了详细说明，这里不再赘述。

【实验步骤】

(1) 打开 PDS 软件，新建一个工程。

(2) 新建一个 Verilog File，打开 Verilog 编辑器对话框。

(3) 按照实验原理和自己的想法，在 Verilog 编辑窗口编写 Verilog 程序。

(4) 将编写完的 Verilog 程序保存起来，方法同基础实验部分的实验 1。

(5) 对编写的 Verilog 程序进行编译并仿真，对程序的错误进行修改。

(6) 编译和仿真无误后，依照拨动开关、LED 与 FPGA 的引脚连接表或参照附录进行引脚分配。表 6.7.1 是示例程序的引脚分配表。分配完成后，再进行一次全编译，以使引脚分配生效。

表 6.7.1　端口引脚分配表

端口名	使用模块信号	对应 FPGA 引脚	说　明
CLK	数字信号源	B5	时钟为 50 MHz
Clk0	外部脉冲	U11	外部脉冲
START	按键开关 S2	U12	开　始
RESET	按键开关 S1	U13	复　位
LEDAG0	数码管 a 段	B15	结果输出显示
LEDAG1	数码管 b 段	A15	
LEDAG2	数码管 c 段	B16	
LEDAG3	数码管 d 段	A16	
LEDAG4	数码管 e 段	D17	
LEDAG5	数码管 f 段	D18	
LEDAG6	数码管 g 段	E18	
SEL0	位选 sel0	G13	
SEL1	位选 sel1	H14	
SEL2	位选 sel2	H13	

(7) 用下载电缆通过 JTAG 口将对应的.sbit 文件加载到 FPGA 中，观察实验结果是否与自己的编程思路一致。

【实验报告】

(1) 绘出仿真波形并进行说明。

(2) 将实验原理、设计过程、编译和仿真波形和分析结果、硬件测试结果记录下来。

实验 8　利用 Verilog 语言实现串口通信

【实验目的】

(1) 掌握串口通信的原理和实现方法。

(2) 掌握 Verilog 语言的基本语法和编写方法。

(3) 了解串口通信的协议，并实现数据的发送和接收。

(4) 提高对数字电路的理解和数字电路设计的能力。

【实验原理】

1) 串口通信原理

串口通信是一种逐位将数据发送或接收的通信方式。在串口通信中,每个数据位都被作为单独的信号进行传输。串行通信分为两种方式:同步串行通信和异步串行通信。同步串行通信需要通信双方在同一时钟的控制下同步传输数据;异步串行通信是指通信双方使用各自的时钟控制数据的发送和接收过程。UART(universal asynchronous receiver-transmitter)是一种采用异步串行通信方式的通用异步收发传输器,它通常在发送数据时将并行数据转换成串行数据来传输,在接收数据时将接收到的串行数据转换成并行数据。

UART 串口通信需要两根信号线来实现,其中一根用于串口发送,另一根负责串口接收。UART 在发送或接收过程中的一帧数据由 4 部分组成:起始位、数据位、奇偶校验位和停止位。串口通信是一种常见的通信方式,在嵌入式系统、工控系统、通信设备等领域都有广泛的应用。本实验将利用 Verilog 语言实现串口通信。通过本实验可以加深对串口通信的理解,提升对 Verilog 语言的掌握能力。

2) 串口通信协议

常用的串口通信协议有 RS-232,RS-422,RS-485 等,其中 RS-232 是最常用的串口通信协议。RS-232 协议规定了串口通信时发送数据的格式,包括起始位、数据位、校验位和停止位。具体来说,RS-232 协议规定了以下参数。

(1) 波特率,指数据传输的速率,用 bps(bit/s)表示。

(2) 数据位,指每个字符传输的二进制位数,通常为 7 或 8。

(3) 停止位,指数据传输结束后发送端发送的一位空闲状态信号,通常为 1～2 位。

(4) 校验位,用于校验数据传输的正确性,有奇偶校验、同位校验、无校验等方式。

【实验内容】

本节实验的任务是上位机通过串口调试助手发送数据给开发板,开发板通过 UART 串口接收数据并将接收到的数据发送给上位机,完成串口数据环回。根据实验任务,本系统设计有一个串口接收模块,用于接收上位机发送的数据;有一个串口发送模块,用于将数据发回上位机;还有一个对数据进行环回控制的模块,负责把从串口接收模块接收到的数据送给串口发送模块,以实现串口数据的环回。本次实验的系统框图如图 6.8.1 所示。

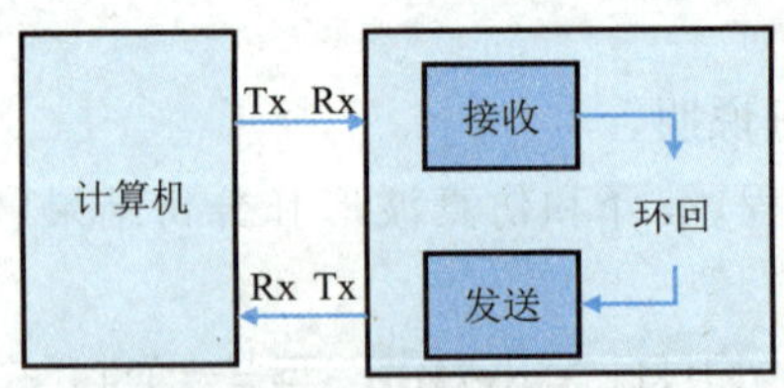

图 6.8.1 串口通信系统框图

1) 设计串口通信模块

设计一个串口通信模块,实现串口通信中的数据发送和接收功能。通信模块分为顶层主模块、串口接收模块、串口发送模块、串口环回模块。其中,顶层模块实现对另外 3 个模块的实例化。程序总体结构图如图 6.8.2 所示。

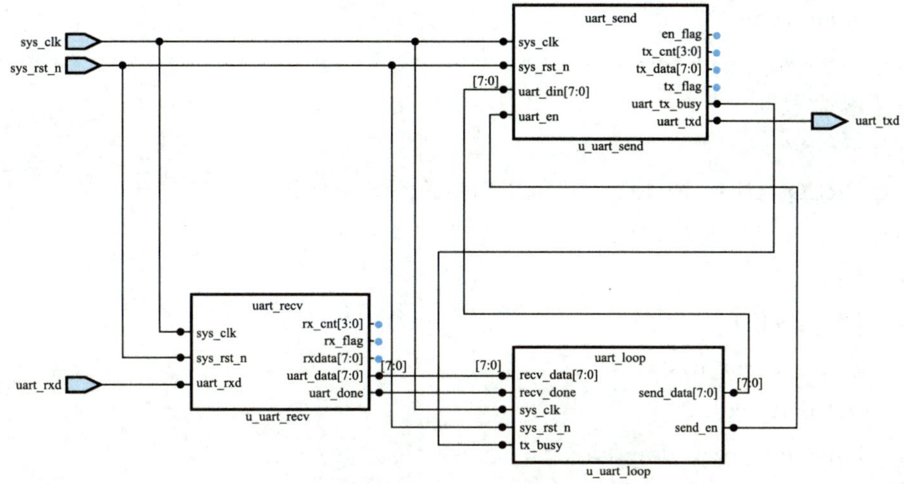

图 6.8.2　串口通信程序总体结构图

在图 6.8.2 中，uart_recv 为串口接收模块，由串口接收端口 uart_rxd 接收上位机发送的串行数据，并在一帧数据接收结束后给出通知信号 uart_done。

uart_send 为串口发送模块，以 uart_en 为发送使能信号。uart_en 的上升沿将启动一次串口发送过程，将 uart_din 接口上的数据通过串口发送端口 uart_txd 发送出去。

uart_loop 模块负责完成串口数据的环回功能。它在 uart_recv 模块接收完成后，将接收到的串口数据发送到 uart_send 模块，并通过 send_en 接口给出一个上升沿，以启动发送过程。

在编写代码之前，首先要确定串口通信的数据格式及波特率。在这里选择一种比较常用的串口模式，数据位为 8 位，停止位为 1 位，无校验位，波特率为 115 200 bit/s。

串口通信模块的顶层模块示例代码如下：

```
module uart_top(
input sys_clk，      //外部 50 MHz 时钟
input sys_rst_n，      //外部复位信号，低有效
input uart_rxd，      //UART 接收端口
output uart_txd      //UART 发送端口
)；
//parameter define
parameter CLK_FREQ = 50000000；      //定义系统时钟频率
parameter UART_BPS = 115200；      //定义串口波特率
//wire define
wire uart_recv_done；      //UART 接收完成
wire [7：0] uart_recv_data；      //UART 接收数据
wire uart_send_en；      //UART 发送使能
wire [7：0] uart_send_data；      //UART 发送数据
wire uart_tx_busy；      //UART 发送忙状态标志
//****************************************************************
```

```
//** main code
//****************************************************************************
//串口接收模块
uart_recv #(
.CLK_FREQ (CLK_FREQ),      //设置系统时钟频率
.UART_BPS (UART_BPS))      //设置串口接收波特率
u_uart_recv(
.sys_clk(sys_clk),
.sys_rst_n(sys_rst_n),
.uart_rxd(uart_rxd),
.uart_done(uart_recv_done),
.uart_data(uart_recv_data)
);
//串口发送模块
uart_send #(
.CLK_FREQ (CLK_FREQ),      //设置系统时钟频率
.UART_BPS (UART_BPS))      //设置串口发送波特率
u_uart_send(
.sys_clk(sys_clk),
.sys_rst_n(sys_rst_n),
.uart_en(uart_send_en),
.uart_din(uart_send_data),
.uart_tx_busy(uart_tx_busy),
.uart_txd(uart_txd)
);
//串口环回模块
uart_loop u_uart_loop(
.sys_clk(sys_clk),
.sys_rst_n(sys_rst_n),
.recv_done(uart_recv_done),      //接收一帧数据完成标志信号
.recv_data(uart_recv_data),     //接收的数据
.tx_busy(uart_tx_busy),    //发送忙状态标志
.send_en(uart_send_en),     //发送使能信号
.send_data(uart_send_data)      //待发送数据
);
endmodule
```

在顶层模块中完成了对其余各个子模块的例化。需要注意的是,顶层模块中定义了两个变量:系统时钟频率 CLK_FREQ 与串口波特率 UART_BPS,使用时可以根据不同的系统时钟频率以及所需要的串口波特率设置这两个变量。也可以尝试将串口波特率 UART_BPS 设置为其他值(如 9 600 bit/s),在模块例化时会将这个变量传递到串口接收与发送模块中,从而实现不同速率的串口通信。

串口通信示例程序

2) 设计测试模块

设计一个测试模块,用于测试串口发送和接收模块的功能。模块的输入可以是自己生成的测试数据,也可以是外部输入的数据;输出可以是发送完成和接收完成的信号。

【实验步骤】

(1) 利用 USB 线连接计算机 USB 口和 FPGA 实验箱面板右侧竖直放置的小 USB 口。

(2) 上位机第一次使用 USB 转串口线与 FPGA 开发板连接时,需要安装 USB 串口驱动。

(3) 打开 PDS 软件,新建一个工程。

(4) 新建一个 Verilog File,打开 Verilog 编辑器对话框。

(5) 将模块划分为串口发送模块、串口接收模块、串口环回功能模块,在 Verilog 编辑窗口分别编写对应模块的 Verilog 程序。

(6) 对编写的 Verilog 程序进行编译并仿真,对程序的错误进行修改。

(7) 编译和仿真无误后,依照拨动开关、LED、数码管与 FPGA 的引脚连接表或参照附录进行引脚分配。表 6.8.1 是示例程序的引脚分配表。分配完成后,再进行一次全编译,以使引脚分配生效。

表 6.8.1 端口引脚分配表

信号名称	对应 FPGA 引脚名	说 明
TXD1	V17	数据接收
RXD1	V18	数据发送
sys_clk	B5	系统时钟
sys_rst_n	U11	系统复位、低有效

(8) 用下载电缆通过 JTAG 口将对应的.sbit 文件加载到 FPGA 中。利用第三方串口通信测试软件,按照约定的波特率等参数与 FPGA 进行通信。

(9) 观察实验结果是否与自己的编程目标一致。

【实验结果分析】

搭建实验环境,利用仿真工具对设计的串口发送、接收和测试模块进行仿真。通过仿真结果可以观察到串口发送模块按照指定的波特率发送数据,串口接收模块正确解析接收到的数据,并输出接收完成信号。同时,测试模块可以正常启动发送和接收,实现了串口通信的功能。

实验 9　利用 Verilog 语言实现 OLED 屏显示

【实验目的】

(1) 掌握 OLED 显示的原理和工作方式。

(2) 掌握 Verilog 语言的基本语法和编写方法。

(3) 了解 OLED 显示屏的驱动方式,并实现显示图像或文字的功能。

(4) 提高对数字电路设计的理解和进行数字电路设计的能力。

【实验原理】

1) OLED 显示原理

OLED(organic light-emitting diode)是一种基于有机材料的显示技术,它利用的是有机发光材料发光的原理。在 OLED 显示器中,有机发光材料被分为红、绿、蓝 3 种颜色,并在 TFT(thin film transistor)背板上形成像素矩阵。当给定灯源电流时,有机发光材料会自发地发出红、绿、蓝 3 种颜色的光,从而形成彩色图像。

2) OLED 显示控制器

OLED 显示器是一种新型的显示技术,具有自发光、高对比度、快速响应等优点,广泛应用于移动设备、智能手表、车载显示器等领域。本实验利用 Verilog 语言实现 OLED 屏的显示功能。

【实验步骤】

1) 设计 OLED 显示控制器模块

设计一个 OLED 显示控制器模块,实现 OLED 显示屏的显示功能。模块的输入包括时钟信号 clk、复位信号 rst、显示数据信号 data;输出包括驱动 OLED 显示屏的控制信号。

模块的主要功能如下:

(1) 实现图像或文字的显示。

(2) 实现像素点的亮度控制。

(3) 实现 OLED 显示屏的刷新。

OLED 显示控制器模块的大致代码实现如下:

```
module oled_controller(
    input clk,        //时钟信号
    input rst,        //复位信号
    input [7:0] data,       //显示数据
    output [7:0] oled_ctrl      //驱动 OLED 显示屏的控制信号
);
reg [7:0] oled_data;      //OLED 显示数据
reg [11:0] row, col;      //行列地址计数器
// 初始化地址计数器的值
initial
```

```
begin
    row=0;
    col=0;
end
// 刷新 OLED 显示屏
always @(posedge clk or posedge rst)
begin
    if (rst)
    begin
        row<=0;
        col<=0;
        oled_ctrl<=8'h00;
    end
else
begin
        if (row==63 && col==127)
        begin
            row<=0;     //刷新完成后回到起始位置
            col<=0;
            oled_ctrl<=8'h00;
        end
else
begin
            if (col==127)
            begin
                row<=row + 1;     //换行
                col<=0;
                oled_ctrl<=8'h00;
            end
            else
            begin
                col<=col + 1;     //列地址加 1
                oled_ctrl<=oled_data;
            end
        end
    end
end
//显示数据处理
```

```
always @(posedge clk or posedge rst)
begin
    if (rst)
    begin
        oled_data<=8'h00;
    end
    else
    begin
        oled_data<=data;
    end
end

endmodule
```

2）设计测试模块

设计一个测试模块用于测试 OLED 显示控制器模块的功能。模块的输入可以是自己生成的测试数据,也可以是外部输入的数据;输出包括控制 OLED 显示屏的信号。

测试模块的大致代码实现如下:

```
module oled_test(
    input clk,      //时钟信号
    input rst,      //复位信号
    input [7:0] data,      //待显示数据
    output [7:0] oled_ctrl      //驱动 OLED 显示屏的控制信号
);

// 实例化 OLED 显示控制器模块
oled_controller oled_ctrl(
    .clk(clk),
    .rst(rst),
    .data(data),
    .oled_ctrl(oled_ctrl)
);

endmodule
```

【实验结果分析】

搭建实验环境,利用仿真工具对设计的 OLED 显示控制器模块进行仿真。通过仿真结果可以观察到 OLED 显示控制器模块会根据输入的显示数据生成对应的控制信号,并通过数据接口驱动 OLED 显示屏完成图像或文字的显示。通过分析仿真波形,可以验证所设计的模块的功能和正确性。

实验 10 利用 Verilog 语言实现 EEPROM 的 I2C 通信

【实验目的】

(1) 掌握 I2C 通信协议的基本原理和应用。

(2) 掌握 FPGA 开发板的基本操作方法。

(3) 掌握 Verilog 语言的基本语法和应用。

【实验原理】

1) I2C 通信过程

I2C 是一种串行通信协议,广泛用于各种芯片之间的通信。在本实验中,将使用 Verilog 语言实现 I2C 通信。I2C 通信协议的特点是使用了两根线,分别是时钟线和数据线。时钟线由主机发出,数据线可以由主机或从机发出。通信过程如下:

(1) 主机发送起始信号(Start)。

(2) 主机发送从机地址和读写控制位。

(3) 从机响应主机的地址并确认自己的身份。

(4) 主机发送数据或读取数据。

(5) 从机响应数据。

(6) 通信结束,主机发送停止信号(Stop)。

2) EEPROM 存储器介绍

本实验系统使用的 EEPROM 型号为 24LC04BT-I/SN,是微芯科技公司生产的一种容量为 4 Kbit 的串行 EEPROM 存储器。它具有以下主要技术参数:

(1) 容量:4 Kbit(512 字节)。

(2) 供电电压:2.5~5.5 V。

(3) 工作温度范围:−40~85 ℃。

(4) 串行接口:I2C 总线。

(5) 存储单元:256 字节。

(6) 数据保持时间:100 年。

(7) 写入时间:5 ms。

24LC04BT-I/SN 是一种 8 引脚的表面安装式 EEPROM 存储器,它的引脚功能可分为以下几个:

(1) A0,A1,A2:地址输入引脚。通过设置这些引脚的电平,可以对 EEPROM 进行地址寻址,以确定要读写的存储单元。

(2) SDA:串行数据输入/输出引脚。通过这个引脚,主机可以向 EEPROM 中写入数据,或从 EEPROM 中读取数据。

(3) SCL:串行时钟输入引脚。主机通过这个引脚向 EEPROM 发送时钟信号,以同步数据传输。

(4) VCC 和 GND:电源输入引脚。它们用于为 EEPROM 提供电源。

使用 24LC04BT-I/SN EEPROM 时,需要注意以下几点:

(1) 电气特性:在使用 24LC04BT-I/SN EEPROM 时,需要遵守《24LC04BT-I/SN 数据手册》中的电气特性要求。例如,输入电压应该在规定范围内,以确保 EEPROM 可以正常工作。

(2) 地址寻址:24LC04BT-I/SN EEPROM 可以通过 A0,A1 和 A2 引脚进行地址寻址。在使用时,需要通过设置这些引脚的电平来确定要读写的存储单元。

(3) 时序要求:24LC04BT-I/SN EEPROM 与主机之间的数据传输需要遵循一定的时序要求。例如,在写入或读取数据之前,需要进行地址传输和启动信号发送等操作。

(4) 数据传输:24LC04BT-I/SN EEPROM 与主机之间的数据传输是通过 SDA 和 SCL 引脚进行的。在使用前,需要确保这些引脚连接是正确的,并遵循一定的传输规则。

24LC04BT-I/SN EEPROM 可以通过 I2C 总线与其他设备通信。使用时需要连接设备的 SCL 和 SDA 引脚,以及 VCC 和 GND 电源引脚。24LC04BT-I/SN EEPROM 支持写入和读取操作,可以通过控制数据线的电平来实现。总之,使用 24LC04BT-I/SN EEPROM 时需要仔细阅读《24LC04BT-I/SN 数据手册》,遵守电气特性、地址寻址、时序要求和数据传输等规定,以确保 EEPROM 能够正常工作并实现数据存储和读取。

24LC04BT-I/SN EEPROM 的具体使用方法如下:

(1) 初始化:将 SCL 线设置为高电平,然后将 SDA 线从高电平转为低电平。

(2) 发送设备地址:将设备地址和读/写标志位发送到 EEPROM,其中读/写标志位指示所需操作类型。

(3) 发送存储单元地址:将要写入或读取的存储单元的地址发送到 EEPROM。

(4) 写入操作:将要写入的数据发送到 EEPROM,EEPROM 会将数据存储在指定的存储单元中。

(5) 读取操作:EEPROM 会将指定的存储单元中的数据发送回主设备。主设备需要将数据接收并进行处理。

24LC04BT-I/SN EEPROM 广泛应用于各种电子设备中,例如掌上游戏机、智能手机、数码相机等。

【实验步骤】

(1) 阅读《24LC04BT-I/SN 数据手册》,了解其寄存器布局和 I2C 通信协议。

(2) 在 Verilog 中实现 I2C 外设模块。根据 I2C 总线协议和 24LC04BT-I/SN EEPROM 的通信协议,设计合适的状态机,并在每个状态中生成正确的时序信号。

(3) 在顶层模块中实例化 I2C 外设模块,并连接到 FPGA 开发板上相应的引脚上。

(4) 使用 FPGA 开发板和 24LC04BT-I/SN EEPROM 进行电路连接,并确保连接正确。若硬件已连接,则可省略此步骤。

(5) 编写测试程序,使用 I2C 外设模块与 24LC04BT-I/SN EEPROM 进行读写操作。

(6) 验证读写操作的正确性,确保数据能正确地从 EEPROM 中读取,并能写入 EEPROM 中。

(7) 用下载电缆通过 JTAG 口将对应的.sbit 文件加载到 FPGA 中,观察实验结果是否与自己的编程目标一致。

【实验报告】

(1) 绘出仿真波形,并进行说明。

(2) 将实验原理、设计过程、编译仿真波形和分析结果、硬件测试结果记录下来。

在使用此代码之前，请先仔细阅读《24LC04BT-I/SN 数据手册》，了解其中的寄存器布局和通信协议。同时，还需要对 Verilog 语言有一定的了解和熟悉，以便于对这段代码进行理解和修改。

实验 11　基于 FPGA 和 LPM-ROM IP 核的正弦波形

【实验目的】

(1) 学习单端口的 LPM-ROM IP 核的原理和工作方式。

(2) 了解高速 DA 芯片 MS9708 的工作原理。

(3) 了解 DDS 的工作原理。

【实验原理】

ADC/DAC(analog to digital converter/digital to analog converter，即模数转换器/数模转换器)是大多数系统中必不可少的组成部件，用于将连续的模拟信号转换成离散的数字信号，或者将离散的数字信号转换成连续的模拟信号，它们是连接模电电路和数字电路必不可少的桥梁。在很多场合下，ADC/DAC 的转换速度甚至直接决定了整个系统的运行速度。本实验使用高速 DA 芯片 MS9708 实现数模转换，产生正弦波模拟电压信号。正弦波波形数据 ROM(read only memory)可以由多种方式实现，如通过逻辑方式在 FPGA 中实现，或利用 LPM-ROM IP 核来实现。相比之下，LPM-ROM IP 核实现起来更快，也更方便。本实验将正弦波形的数据放入 LPM-ROM IP 核内，只需要对每种波形的起始地址进行控制即可实现对波形的控制输出，其实现的框图如图 6.11.1 所示。

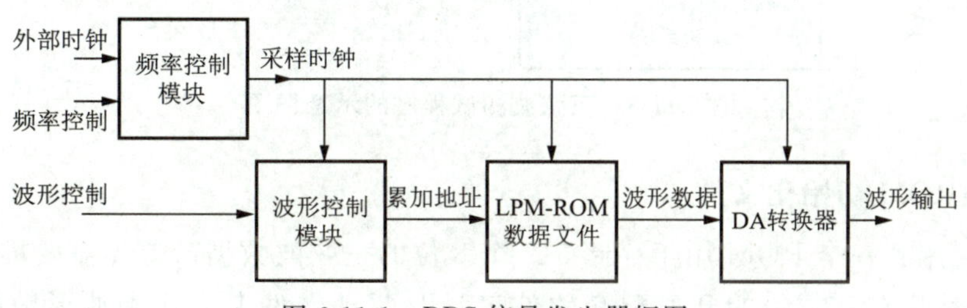

图 6.11.1　DDS 信号发生器框图

DA 电路由高速 DA 芯片、7 阶巴特沃斯低通滤波器、幅度调节电路和信号输出接口组成。其中，高速 DA 芯片为 MS9708 数模转换器，具有高性能、低功耗的特点。MS9708 的数模转换位数为 8 位，最大转换速度为 125 MSPS(每秒采样百万次，million samples per second)。MS9708 的内部功能框图如图 6.11.2 所示。MS9708 芯片差分输出以后，为了防止噪声干扰，电路中接入了 7 阶巴特沃斯低通滤波器，带宽为 40 MHz。

【程序设计】

正弦波生成程序是通过读取 FPGA 内部的一个 ROM 中存储的正弦波数据，将正弦波数据输出到 MS9708 模块进行数模转换，从而得到正弦波的模拟信号。正弦波测试程序的示意图如图 6.11.3 所示。

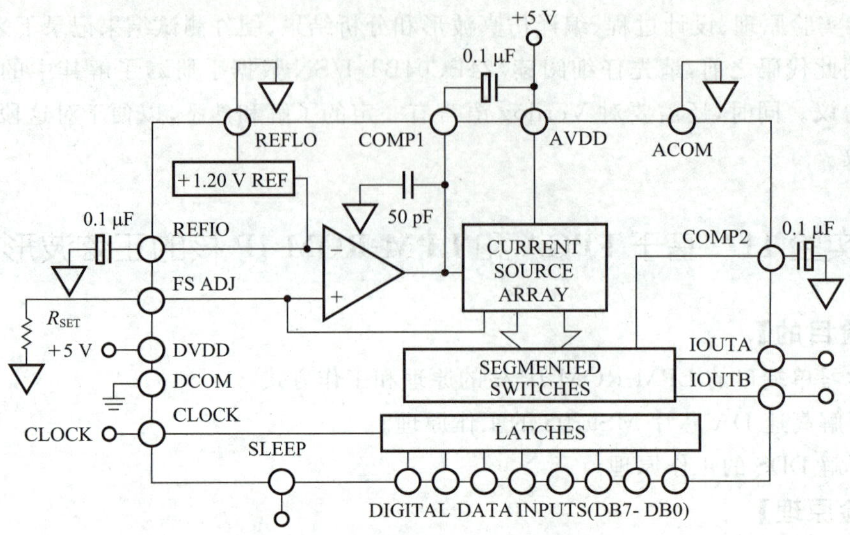

REFLO—参考地;REFIO—参考输入输出端;FS ADJ—输出电流调整端;COMP1—噪声衰减模式设置端;
COMP2—开关驱动电路偏置控制;SLEEP—休眠控制;ACOM—模拟共用端;
IOUTA—电流输出端;AVDD—模拟供电电压;DCOM—数字共用端;DVDD—数字供电电压。

图 6.11.2 MS9708 的内部功能框图

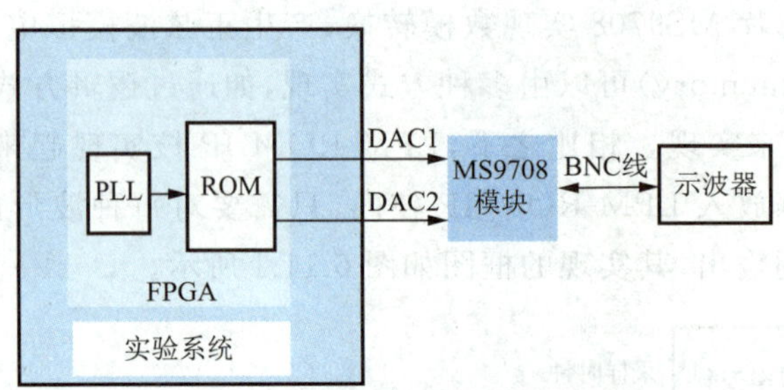

图 6.11.3 正弦波测试程序的示意框图

1）生成 ROM 初始化文件

程序中会用到一个 ROM 用于存储 512 个 8 位的正弦波数据。首先需要准备 ROM 的初始化文件，然后在官方给的开发配套软件工具及驱动文件夹下找到波形数据生成器文件 波形数据生成器.exe 。

(1) 双击波形数据生成器.exe 文件打开界面如图 6.11.4 所示。

(2) 根据需要自选波形。选择正弦波，数据长度为 512，数据位宽为 8，其他默认。

(3) 点击“保存”按钮，将生成的数据文件保存到工程目录文件下(注意保存的文件类型为.dat)。

【实验步骤】

(1) 打开 PDS 软件，新建一个工程。

(2) 新建一个 Verilog HDL File。

(3) 按照实验原理和自己的想法，在 Verilog 编辑窗口编写 Verilog 程序。

图 6.11.4　正弦波波形数据生成界面

(4) 调用单端口 Rom IP 核的过程和调用其他 IP 核的过程一样，即先打开 tool 菜单下的“IP Compiler”，然后在弹出的界面(图 6.11.5)中设置地址位宽、数据位宽、dat 文件及类型，设置完成后按“Generate”即可生成 ROM_inst。

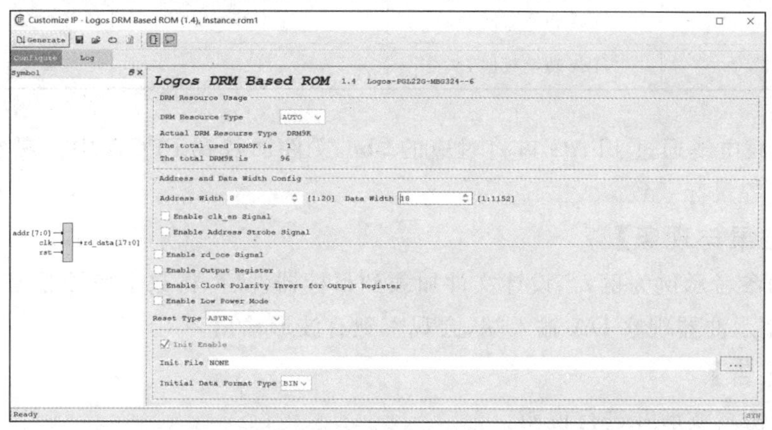

图 6.11.5　单端口 ROM IP 核生成界面图

(5) 用来产生 125 MHz 的 DA 输出时钟的 PLL(phase locked loop) IP 与单端口 ROM IP 核生成过程类似，

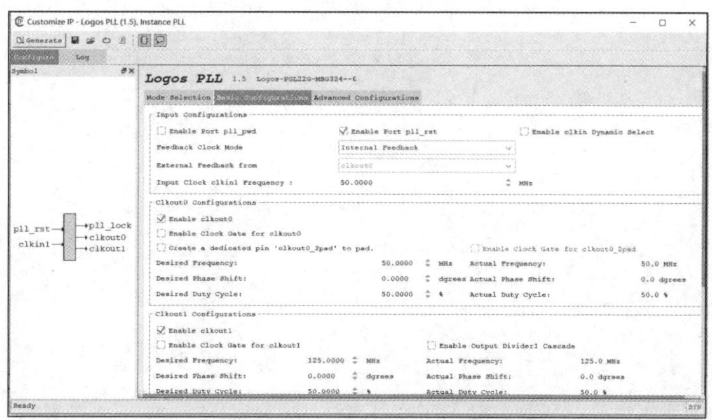

图 6.11.6　PLL IP 核生成界面图

(6) 编译和仿真无误后,依照按键、拨动开关、数字时钟以及 DA 转换器 TLC5602 与 FPGA 的引脚连接表或参照附录进行引脚分配。表 6.11.1 是示例程序的引脚分配表。分配完成后,再进行全编译一次,以使引脚分配生效。

表 6.11.1 端口引脚分配表

端口名	使用模块信号	对应 FPGA 引脚	说　明
CLK	数字信号源	B5	时钟为 50 MHz
CLKOUT	DA 转换时钟 CLK	T17	DA 转换时钟
DATA0	DA 转换数据 D0	N18	DA 转换数据
DATA1	DA 转换数据 D1	L15	
DATA2	DA 转换数据 D2	L14	
DATA3	DA 转换数据 D3	M14	
DATA4	DA 转换数据 D4	M13	
DATA5	DA 转换数据 D5	U18	
DATA6	DA 转换数据 D6	U17	
DATA7	DA 转换数据 D7	T18	

(7) 用下载电缆通过 JTAG 口将对应的.sbit 文件加载到 FPGA 中。观察实验结果是否与自己的编程目标一致。

【实验结果与现象】

以设计的参考示例为例,当设计文件加载到目标器件后,将数字信号源模块的时钟选择为 50 MHz,用示波器观察 DA 输入端,会观察到有波形输出。

【实验报告】

(1) 绘出仿真波形并进行说明。

(2) 将实验原理、设计过程、编译仿真波形和分析结果、硬件测试结果记录下来。

附录 PGL22G__6MBG324 与开发平台硬件资源 I/O 接口对照表

PGL22G__6MBG324 开发平台引脚

功能模块介绍:50 MHz 时钟	
信号名称	I/O 接口
SYSCLK	B5

功能模块:6 位 LED 灯显示模块			
信号名称	I/O 接口	信号名称	I/O 接口
LED0	V10	LED3	V13
LED1	V11	LED4	V14
LED2	V12	LED5	V15

功能模块:6 位拨动开关模块			
信号名称	I/O 接口	信号名称	I/O 接口
SW1	U11	SW4	U14
SW2	U12	SW5	U15
SW3	U13	SW6	N13

功能模块:8 位 7 段数码管显示模块			
信号名称	I/O 接口	信号名称	I/O 接口
a	B15	g	E18
b	A15	dp	E17
c	B16	sel0	G13
d	A16	sel1	H14
e	D17	sel2	H13
f	D18		

带译码独立 7 段数码管 1(左)		带译码独立 7 段数码管 2(右)	
信号名称	I/O 接口	信号名称	I/O 接口
STALED1A	B10	STALED1A	B12
STALED1B	A11	STALED2B	A14
STALED1C	B11	STALED2C	B14
STALED1D	A10	STALED2D	A12

功能模块:交通信号灯模块			
信号名称	I/O 接口	信号名称	I/O 接口
LED_ER	U16	LED_WR	G18
LED_EY	V16	LED_WY	H17
LED_EG	T16	LED_WG	H18
LED_SR	R16	LED_NR	K17
LED_SY	R15	LED_NY	K18
LED_SG	G17	LED_NG	M18

功能模块:16×16 点阵显示模块			
信号名称	I/O 接口	信号名称	I/O 接口
列扫描信号(注:列扫描通过 4-16 译码器实现)			
COL_D0	F17	COL_D2	F16
COL_D1	G16	COL_D3	H16
列扫描信号			
ROW_D0	E16	ROW_D8	C10
ROW_D1	A17	ROW_D9	F12
ROW_D2	B17	ROW_D10	G12
ROW_D3	B18	ROW_D11	C13
ROW_D4	A18	ROW_D12	D13
ROW_D5	C18	ROW_D13	D15
ROW_D6	C17	ROW_D14	C15
ROW_D7	J16	ROW_D15	E15

功能模块:4×4 矩阵键盘			
信号名称	I/O 接口	信号名称	I/O 接口
KeyBoard_CO1	R14	KeyBoard_RO1	R13
KeyBoard_CO2	P13	KeyBoard_RO2	P12
KeyBoard_CO3	P14	KeyBoard_RO3	P11
KeyBoard_CO4	T13	KeyBoard_RO4	T11

功能模块:TFT_LCD屏			
信号名称	I/O接口	信号名称	I/O接口
DISPLAY_SCL	G14	TFT_CS	J14
DISPLAY_SDA	F13	TFT_BLK	J15
TFT_RESET	F18	DISPLAY_DC	F14

功能模块:OLED屏			
信号名称	I/O接口	信号名称	I/O接口
DISPLAY_SCL	G14	OLED_CS1	J17
DISPLAY_SDA	F13	OLED_FSO	J18
OLED_RESET	M16	OLED_CS2	L16
DISPLAY_DC	F14		

功能模块:IICEEPROM存储模块			
信号名称	I/O接口	信号名称	I/O接口
EEPSCL	U10	EEPSDA	R11

功能模块:并行ADC模块(MS9280)			
信号名称	I/O接口	信号名称	I/O接口
ADDB0	L18	ADDB5	L12
ADDB1	L17	ADDB6	P17
ADDB2	N16	ADDB7	P18
ADDB3	N15	ADDB8	R17
ADDB4	L13	ADDB9	R18
		ADCLK	N14

功能模块:并行DAC模块(MS9708)			
信号名称	I/O接口	信号名称	I/O接口
DADB0	N18	DADB5	U18
DADB1	L15	DADB6	U17
DADB2	L14	DADB7	T18
DADB3	M14	DACLK	T17
DADB4	M13		

功能模块:串行接口模块1(COM1)			
信号名称	I/O接口	信号名称	I/O接口
TXD1	V17	RXD1	V18

参考文献

[1] 任旭虎. 电子技术实验与课程设计[M].北京:石油工业出版社,2021.

[2] 刘润华,任旭虎. 电子技术实验与课程设计[M].东营:石油大学出版社,2005.

[3] 赵淑范,王宪伟. 电子技术实验与课程设计[M].2 版.北京:清华大学出版社,2010.

[4] 李佳,姚远,李亚宁. 电子技术实验指导[M]. 西安:电子科技大学出版社,2019.

[5] 正点原子. ATK-DFPGL22G 之 FPGA 开发指南_V1.1(讲义)[Z]. 深圳:正点原子,2020.

[6] 王静波,刘丽萍,张钧,等. 电子技术实验与课程设计指导[M]. 北京:电子工业出版社,2011.

[7] 徐志军,王金明,尹廷辉,等. EDA 技术与 VHDL 设计[M]. 2 版.北京:电子工业出版社,2015.

[8] 王金明. 数字系统设计与 Verilog HDL[M]. 8 版.北京:电子工业出版社,2021.

[9] 周永强,梁金,周春梅. 电子技术实验与设计基础[M]. 北京:电子工业出版社,2015.

[10] 翟卫青,王艳辉. 电子技术实验与课程设计[M]. 北京:北京理工大学出版社,2018.

[11] 葛年明. 电子技术实验及课程设计[M]. 南京:东南大学出版社,2013.

[12] 紫光同创. 学习教程之例程篇(讲义)[Z]. 深圳:紫光同创, 2020.

[13] 孟涛. 电工电子 EDA 实践教程[M]. 2 版.北京:机械工业出版社, 2013.

[14] 廉玉欣. 电子技术实验教程[M]. 北京:高等教育出版社,2018.

[15] 艾明晶. EDA 设计实验教程[M]. 北京:清华大学出版社, 2014.

[16] 刘凤春,王林.电工学实验教程[M]. 北京:高等教育出版社,2018.